DIBUJANDO URBANIDADES EN EL MEDITERRÁNEO

ISBN: 978-84-127649-6-3
Depósito Legal: M-5145-2025

Costis Hadjimichalis

Dibujando urbanidades en el Mediterráneo

TRADUCCIÓN DE ANTONIO VALLEJO ANDÚJAR

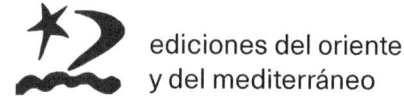
ediciones del oriente
y del mediterráneo

A Mimis Faturos

Sumario

El término *urbanidad (urbanity, urbanité)* ha sido ampliamente utilizado a partir de la década de 1980. Surgió como denuncia de las consecuencias acarreadas, tras el descomunal desarrollo urbano que siguió a la Segunda Guerra Mundial, por las obras de urbanismo de los pioneros del movimiento moderno. En el Occidente capitalista y el Este socialista, la construcción de nuevas ciudades o de ensanches de ciudades existentes y la reconstrucción de barrios destruidos siguieron los principios de la Carta de Atenas y sus estrictas separaciones funcionales entre lugares de residencia, trabajo, ocio y circulación. En 1980, la exposición internacional de arquitectura y urbanismo Biennale de Paris, que llevó por título «À la Recherche de l'Urbanité», supuso el comienzo de una intensa crítica del racionalismo tecnocrático y del poder autoritario que caracterizaron a las aplicaciones de la Carta de Atenas, con referencias directas a las obras de Chombart de Lauwe, Henri Lefebvre o Jane Jacobs. Desde entonces, *urbanidad* ha funcionado como palabra-clave, palabra-consigna y palabra-manifiesto que indica una búsqueda de las cualidades y la sostenibilidad de las ciudades históricas, pero también diseño contemporáneo, libre de nostalgia por lo antiguo o de intenciones de imitar sus formas.

Para más detalles, véase: Aleka Gerolympou [Αλέκα Γερολύμπου], Nicos Kalogirou [Νίκος Καλογήρου], Kiki Kaukoula [Κική Καυκούλα], Nicos Papamichos [Νίκος Παπαμίχος], Lefteris Tsoulouvis [Λευτέρης Τσουλούβης], Vilma Hastaoglou [Βίλμα Χαστάογλου], Costis Hadjimichalis [Κωστής Χατζημιχάλης]: *Επί Πόλεως. Συλλογή Κειμένων (Sobre la ciudad: selección de textos),* Salónica: Sinchrona Themata/University Studio Press, 1986.

La higuera retoma y prolonga los confines mediterráneos allí donde el olivo pierde ímpetu. Un proverbio de Herzegovina dice que el Mediodía desaparece «donde ya no crece la higuera y no rebuzna el borrico».

Predrag Matvejević: *Breviario mediterráneo* (trad. de Milijov Telećan, rev. por Magdalena Romera Ciria), Barcelona: Anagrama, 1991, 92.

Somos seres antiguos, pero somos también seres frágiles, y al igual que estamos expuestos a la fealdad, lo estamos también a la belleza. Ello nos turba y al mismo tiempo nos alegra. Todos los días la repugnancia del mundo nos acosa, nos es familiar en la pantalla televisiva, y nos hemos acostumbrado a ella. En cambio, la belleza puede hacernos enfermar.

Antonio Tabucchi: *Viajes y otros viajes* (trad. de Carlos Gumpert Melgosa), Barcelona: Anagrama, 2012, 234.

Introducción a esta edición

Me alegra enormemente que este libro se publique en español, un idioma del que me enamoré hace tiempo, pero que nunca pude aprender de manera sistemática a pesar de los estímulos, los muchos viajes y los buenos amigos y amigas que tengo en países de habla hispana. Mi esperanza es que esta traducción de Antonio Vallejo Andújar y el esmero de Ediciones del Oriente y del Mediterráneo, a quienes estoy profundamente agradecido, ayuden a entablar una comunicación con personas que aún no conozco.

Llevo dibujando urbanidades desde 1964. Tengo un armario lleno de blocs y cuadernos de dibujos y anotaciones de viaje, además de los que he perdido, como aquel a las afueras de San Gimignano o el otro en Viena. Durante mi primera encarnación en arquitecto, el dibujo a mano alzada era parte de mi rutina laboral. Más tarde, como científico social especializado en geografía y desarrollo regional, ya solo lo practicaba en las horas que quedaban libres durante los viajes de trabajo, aunque pude enriquecerlo con conocimientos que no tenía como arquitecto. Este libro no podría haber sido sin la combinación estos dos puntos de vista.

Soy de una pequeña ciudad en una isla del Sur, en medio del mar Egeo, de esas que en verano bullen llenas de turistas. La cotidianidad de la vida en el Sur ha dejado una impronta en mi forma de ver el mundo. Aprendíamos, por ejemplo, a usar el agua con parvedad porque siempre había escasez. A veces, ciertas privaciones arraigan en el comportamiento y cuando ya no son necesarias, dejan un sentido de la moderación. Algo que no entiende el actual desarrollo turístico descontrolado con su césped y sus miles de piscinas en los áridos parajes mediterráneos. La galopante desertificación, una de las muchas consecuencias de la crisis climática, aún no asusta lo suficiente a los ciudadanos ni a los gobiernos como para cambiar sus políticas.

Después de mucho viajar, vuelvo al Mediterráneo en busca de lo que me es familiar y me atrae. Dice Maurice Aymard que mil personas viviendo a duras penas de la tierra y del trueque son suficientes en el Mediterráneo para construir una ciudad, mientras que para construir un pueblo en otras regiones no se bastan ni cinco mil. Con seguridad, me considero influido por la capital de la isla de Naxos y por Ermúpoli —la llamada «lección de las islas»—, también por el tejido urbano planificado de Ernest Hébrard en Salónica, el de Ildefonso Cerdà en Barcelona o el del Marqués de Pombal en Lisboa. Pero en el Mediterráneo nunca deja de maravillarme y conmoverme la impresionante resistencia de sus ciudades a pesar de los nuevos mastodontes acristalados, de las urbanizaciones turísticas, de las edificaciones ilegales, de la contaminación, de los coches. Las calles, las plazas, los edificios de las ciudades mediterráneas siguen teniendo unas voces misteriosas, parecen brotar de la piedra volcánica de las paredes; nacieron en épocas en las que la tierra temblaba. Tengo el oído entrenado para escuchar las piedras, mi olfato detecta sus olores, siguiendo a los ojos atentos y a las manos que sostienen el bloc y los rotuladores con los que dibujo.

De este modo, reuní en 2006 un buen número de dibujos e hice una pequeña autoedición que regalé a amigos y amigas. Esta, compuesta solo de ilustraciones sin texto, se agotó pronto, y tras los ánimos recibidos me decidí a escribir el presente libro, de distinto contenido y extensión.

No quiero desaprovechar esta oportunidad para expresar mi agradecimiento a Ioanna Nicolaidou y a Vicente Fernández González por sugerir la idea de la traducción de este libro al español y establecer los primeros contactos con el mundo editorial para este fin. Como una esposa no está para agradecerle «su paciencia, generosidad y dedicación», simplemente le doy las gracias a Dina Vaiou, colaboradora y crítica rigurosa de todo lo que hago.

Atenas 2023

13

Cos 2013

La puerta al fondo del dibujo se encuentra en detalle en la página siguiente.

Jora, Naxos 1966

Mi interés por las ciudades del Mediterráneo comienza en mi época de estudiante de Arquitectura en la Universidad Aristóteles de Salónica, durante la década de los sesenta. Poco a poco, fui adquiriendo cierta comprensión de mis vivencias de niñez en la isla de Naxos, como cuando me zambullía en las aguas transparentes de la playa de Grotta, a los pies de la Portara, para coger lapas y erizos de mar. La capital de la isla, que como en otros lugares del archipiélago griego recibe el nombre de Jora, comenzaba al borde del mar y de los guijarros de Grotta, con el peculiar timbre del oleaje movido por el viento del norte. Hoy guijarros no quedan —víctimas también del desarrollo urbano, igual que el resto de la isla—, y lo que se alza al borde de la playa son construcciones de gusto y legalidad dudosos. Sustituyeron primero al viejo molino de viento de Lagurós y luego, en el mismo lugar, a la pequeña fábrica de tomate triturado Canelópulos. Los burritos pasaban por delante de nuestra casa con los canastos a rebosar de tomates.

El núcleo histórico de la ciudad, sin embargo, ha sobrevivido, y a ello ha contribuido su compacta estructura defensiva medieval, así como las numerosas escaleras que impiden el paso de los coches. También sirvieron de ayuda los esfuerzos algo inconsistentes de la Dirección de Arqueología del Ministerio de Cultura tras la declaración de la ciudad como monumento protegido. En la actualidad, prevalece su «aprovechamiento turístico» —a saber, su venta a los visitantes— como sitio singular, y Airbnb ya ha entrado con fuerza en ella. El castillo veneciano, continuación a mayor altura de la apretada estructura del barrio de Burgos, divisa —antiguamente vigilaba la llegada de piratas— el estrecho marítimo formado con la isla de Paros, enfrente. Hacia el oeste, el mar llega aún hasta donde alcanza la vista. Hacia el sureste por detrás del castillo, se extiende un fértil valle con sus característicos cercados de cañas. También estos están cediendo ante la vertiginosa expansión de la ciudad, que reproduce sin sonrojo la proverbial fealdad de los paisajes suburbanos de la Grecia moderna.

Esta es la primera ciudad mediterránea que conocí, cuya urbanidad estudié, cuyas calles, plazas, casas, iglesias y torres medievales dibujé, y de cuya gradual conversión en destino turístico de masas fui testigo. La materialidad de la ciudad compacta, con sus calles estrechas y sus plazas escasas y sin árboles, la llevo conmigo a todas partes. Después vino el barrio ateniense de Exarjia, levantado también por maestros albañiles cicladitas allá por 1840, calle Mavromichali, cuando todavía era un carril de tierra (la vieja panadería

15

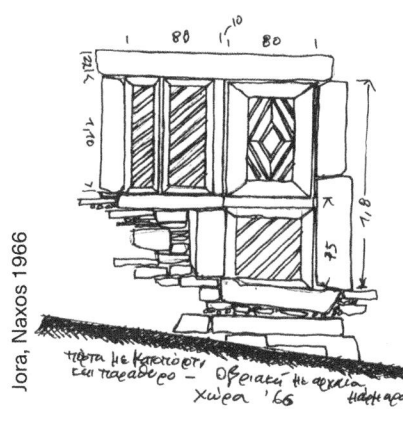

Jora, Naxos 1966

en la esquina con Arachovis sigue existiendo). Más tarde, fueron las calles Patriarchou Ioakim, Gianni Statha, Emmanouil Benaki y Pilarinou en Atenas; la avenida Nikis y las calles Olympou y Pavlou Mela en Salónica; la calle Idras en Ermúpoli. Con las estancias breves en otras ciudades mediterráneas, vinieron nuevas andanzas y vivencias por tejidos urbanos densos fuera de Grecia. Decenas de nuevas calles, plazas, colinas, bancos, cafés con vistas o con interiores formidables, tascas a la sombra junto al mar, han marcado itinerarios personales y me han regalado el placer de la urbanidad y de un dibujo, algunas veces de pie.

El principal motivo de mis viajes han sido las investigaciones académicas en las que he participado, centradas fundamentalmente en regiones mediterráneas, sobre todo del sur de Europa. La mayoría de ellas tenían por tema el desarrollo geográfico desigual y la producción en pequeñas empresas organizadas en redes dentro y fuera de las ciudades. Otras trataron de los densos entramados urbanos, las plazas o el paisaje mediterráneo. Todas ellas nutrieron asignaturas: en un principio de urbanismo y ordenación del territorio en la Facultad de Arquitectura de la Universidad Aristóteles de Salónica; más tarde, en el Departamento de Geografía de la Universidad Harokopio de Atenas; asignaturas como Geografía del Mediterráneo y del Sur de Europa, entre otras. Mi investigación sobre los paisajes griegos contemporáneos con ayuda de aerofotografía[1] estuvo particularmente basada en este trabajo mediterráneo previo y más tarde hizo de puente para la elaboración de este breve libro.

Como he dicho en repetidas ocasiones, tanto por escrito como de viva voz, debo la oportunidad de la mayoría de mis viajes por el Mediterráneo, con o sin financiación, a la universidad pública griega, la misma que es hoy objeto de las calumnias de los abnegados servidores de la «excelencia». La posición privilegiada del docente universitario ayudó a trabar una valiosa red de amigos y compañeros, hombres y mujeres, con ocasión de asignaturas impartidas en común, investigaciones, invitaciones a dar conferencias, excursiones con fines didácticos, pero también reuniones políticas y activismo. Esta red en tantos países y ciudades diferentes sería imposible de crear sin dicha condición de académico. Entiéndase esta pequeña obra como un humilde pago a la generosidad de la universidad pública.

Se ha escrito ya mucho y de gran valor sobre las ciudades mediterráneas, su historia, artes, arquitectura, urbanismo, geografía, etnografía, geología y biogeografía. Prosistas, pintores y poetas han hecho valiosos aportes por medio de sus obras de creación, tes-

16

1. Costis Hadjimichalis [Κωστής Χατζημιχάλης] (ed.): Σύγχρονα ελληνικά τοπία. Γεωγραφική προσέγγιση από ψηλά, Αθήνα: Μέλισσα, 2011 (Paisajes griegos contemporáneos: una aproximación geográfica desde el cielo, Atenas: Melissa, 2011).

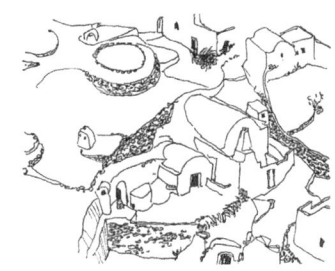

timonios y sentimientos. Recuerdo las descripciones de Marsella de Jean-Claude Izzo, la Barcelona de Manuel (o Manolo) Vázquez Montalbán, la Lisboa de Antonio Tabucchi, El Cairo de Naguib Mahfuz, el Nápoles de Luciano De Crescenzo y la Sicilia de Andrea Camilleri. Mi aporte personal no aspira a nada de lo anterior; pertenece más bien al género de los diarios geográficos o urbano-arquitectónicos y se expresa mediante dibujos hechos *in situ*, la mayoría de ellos de forma apresurada, solo o acompañado (ver mapa de los lugares dibujados en la contracubierta). No se trata, por tanto, de fotografías o planos procesados desde un escritorio, a excepción de la planta de alguna plaza y de los dibujos en los que el sombreado se ha añadido con imágenes de mapa de bits. Algunos textos también están escritos *in situ,* otros más tarde, como pensamientos sueltos o notas de viaje.

Braudel escribe que las ciudades mediterráneas son al mismo tiempo producto y creador de las rutas terrestres y marítimas, y subraya su importancia como estaciones a lo largo de la costa. Las ciudades, grandes o pequeñas, se alimentan del tránsito de personas, bienes, información, capital, así como de la continua renovación poblacional de los inmigrantes. Viajeros, comerciantes, lenguas, religiones, culturas, han ido y venido por el Mediterráneo, trasladando e implantando la riqueza material y simbólica con la que hoy nos deleitamos. Sin embargo, en los últimos años, quienes atraviesan sus vías marítimas son otra clase de «viajeros» que arriesgan sus vidas a diario pero no son bienvenidos por carecer de los «papeles» adecuados. El nuevo «enemigo» en la geografía imaginaria de los gobernantes lo constituyen aquellos y aquellas que tratan de escapar de la muerte o la miseria, y en la actualidad son, por antonomasia, el

17

grupo humano bajo el punto de mira de la seguridad europea. Hasta rescatarlos en el mar o cobijarlos en tierra está tipificado como delito. Cuerpos especiales de (in)seguridad como Frontex, alambradas, centros de detención cerrados, deportaciones y disposiciones jurídicas especiales tienen como objetivo frustrar los esfuerzos de los nuevos «invasores» y encarcelarlos.

Los dibujos de este libro no pretenden maquillar las nuevas circunstancias, ni tampoco las antiguas, que como sabemos estaban llenas de pobreza y violencia. Por el contrario, al iluminar «de otro modo» el Mediterráneo, intentan recordar los múltiples estratos sociales y culturales que han existido en estas ciudades y siguen alimentándolas con la belleza y la vida multiétnica que hoy podemos disfrutar en forma de urbanismo.

Tras la fachada de la urbanidad mediterránea

> [A] veces un paisaje parece menos un escenario de vida para sus habitantes o un espacio lleno de nostalgia para sus visitantes y más un telón tras el cual se desarrollan las contradicciones, los logros y las desventuras de quienes lo han creado.
>
> Denis E. Cosgrove[2]

En la nota personal que abría la edición no venal de este libro en 2006, prometía escribir acerca de lo que hay «tras la fachada de la urbanidad mediterránea» en un intento por «descorrer» el telón, tal y como insta a hacer Cosgrove. Pensé que sería posible un texto breve y sintético; no lo conseguí y lo abandoné a la mitad. Me di cuenta de que no se podía expresar en pocas líneas todo lo que quería decir acerca de la relación que hay entre la «imagen» de la urbanidad que plasmo en mis dibujos y el día a día de los lugareños y las memorias que se ocultan en la materialidad del espacio, tras las bellas proporciones de las fachadas: los conflictos, la riqueza, las enfermedades, las intrigas, el trabajo y las desventuras de los lugareños. Otros y otras lo han descrito todo exhaustivamente: geógrafos, historiadores, antropólogos, arquitectos, urbanistas, geólogos y ecólogos. En la multitud de análisis disponibles sobre las ciudades y, más en general, sobre la ordenación del territorio en torno al Mediterráneo, han quedado respondidos suficientemente el cuándo, el cómo y sobre todo el por qué, cuestiones centrales de las que yo mismo me he ocupado en otros trabajos sobre el desarrollo geográfico desigual[3].

2. Denis E. Cosgrove, *Social Formation and Symbolic Landscape*, Londres: Croom Helm, 1984, 36 (cita traducida de la versión griega).

3. Véase: Costis Hadjimichalis: *Crisis Spaces. Structures, struggles and solidarity in Southern Europe*, Routledge: Londres, 2020.

Con respecto a ese «detrás» de la urbanidad mediterránea, podemos releer pues, a título meramente indicativo y sin orden de prelación, a Fernand Braudel, Lucien Febvre, Maurice Aymard, Predrag Matvejević, Franco Farinelli, Leonardo Benevolo y David Abulafia; los textos de Vassilis Panagiotopoulos, Spyros Asdrachas, Vilma Hastaoglou, Aleka Gerolympou, Lila Leontidou y Thomas Maloutas; el libro *Ta nisoloyia* (Los islarios), de George Tolias, y el catálogo de la participación griega en la X Bienal de Arquitectura de Venecia, *The Aegean Archipelago as a dispersed city*, al cuidado de Lois Papadopoulos e Elias Constantopoulos; los textos y la ejemplar guía de la ciudad de Ermúpoli de Aggeliki Fenerli y Christina Agriantoni; a John G. Peristiany, John K. Campbell y Anton Blok; la maravillosa colección sobre las ciudades italianas dirigida por Cesare de Seta y el atlas de ciudades de la península Ibérica dirigido por Manuel Guàrdia, Francisco Javier Monclús y José Luis Oyón; los textos de Paul Zucker, Javier Ruiz Sánchez y otros. Pero, como complemento necesario, también debemos acudir a las imágenes de los pintores y a las palabras de los poetas y los literatos, que han descrito la armoniosa urbanidad mediterránea con un grado de consumación y una fuerza que no han tenido los científicos.

He optado, pues, por entregarme al placer visual de la urbanidad mediterránea con una mirada crítica, sin maquillar las condiciones que la han producido. Si bien la mayoría de los dibujos ilustra el pasado del espacio habitado, no siento la más mínima nostalgia por aquellos tiempos. Conozco lo dura que era la cotidianidad de casi todos los habitantes de la época, que hoy disfrutamos como escenario, y no ignoro las vidas humanas incorporadas en las plazas, los palacios, las catedrales y las mansiones de la burguesía. Ya lo dijo Brecht en su famoso poema. Tampoco soporto la actual liquidación de esta urbanidad en nombre del «desarrollo turístico», los conservadores remedos de «pueblecitos de las islas Cícladas» o las torres de viviendas neobarrocas posmodernas, como las de Ricardo Bofill en los suburbios de París, con la excusa de que «la clase trabajadora también tiene derecho a vivir en un palacio barroco», como escribió el arquitecto. Dibujo, por tanto, el pasado de la urbanidad mediterránea buscando, entre la diversidad de estímulos, placeres contemporáneos fugaces, como un visitante crítico, sin romanticismos, influido por mi primera encarnación en arquitecto, una especie de negación del inexorable paso del tiempo, como diría el escritor y académico Petros Martinidis. Lo que veo (el resultado), y no simplemente lo que miro (la intención), es un acto de elección: esa es mi pauta extraída de la «lección» de las islas griegas.

19

En lugar de un texto conciso, pues, algunas aclaraciones más. Los dibujos incluidos en esta edición son solo una muestra de lo que guardo en un armario de casa. Corresponden a lugares que he visitado por diversas razones desde 1964 hasta 2020, y por lo tanto cubren una parte muy pequeña del Mediterráneo construido y modelado por la presencia humana, principalmente de su costa norte. Su clasificación es en gran medida arbitraria, ya que la mayoría de ellos podría integrarse en más de un eje temático. Acéptese, pues, como forma de escapar a la mera relación cronológica o geográfica. Los textos breves que los acompañan son observaciones y recuerdos de tema más general, no se refieren a dibujos concretos, salvo en casos contados.

Cuando publiqué la primera versión autoeditada de este libro en 2006, algunos amigos hicieron objeciones a los dibujos del campo y de algunas ciudades no mediterráneas. Mi respuesta fue que, por debajo de las montañas, la naturaleza en el Mediterráneo ha sido en gran medida construida por los habitantes de las ciudades, grandes y pequeñas, excepción hecha de la geomorfología, como en algunas islas volcánicas. Las terrazas de las islas del Egeo con origen en la Antigüedad, los campos de las regiones de Toscana o Umbría

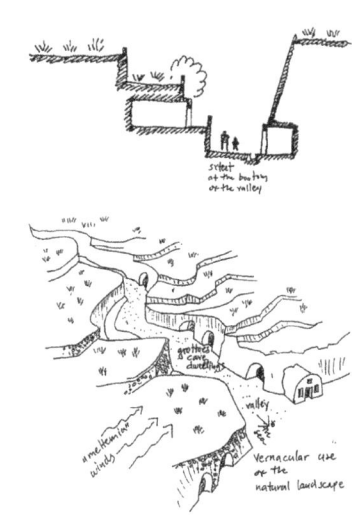

4. Oliver Rackham y Jennifer Moody: *Η δημιουργία του κρητικού τοπίου* (La formación del paisaje cretense, trad. al griego de Costas Sbonias), Heraclión: Crete University Press, 2008, XIX. Traducido de la versión griega.

y los sistemas de irrigación de la península Ibérica de época árabe, son solo tres de los muchos ejemplos existentes. La imagen actual del paisaje cretense, escriben Rackham y Moody en su excelente libro, «se fue creando a lo largo de miles de años de interacción entre las actividades y las omisiones humanas y las fuerzas de la naturaleza. Se trata de un paisaje tan natural como artificial»[4]. Una observación que puede aplicarse a casi todo el Mediterráneo.

Con respecto a las ciudades de fuera de él, sigo la propuesta braudeliana sobre el Mediterráneo «mayor», que llegaba hasta Ámsterdam, Budapest y Viena, en los límites septentrionales del olivo y de la vid, en una época en la que no había un cambio climático como el que hoy permite producir vino incluso a los galeses. Después de todo, Portugal tampoco está bañado por las aguas del Mediterráneo, pero ¿quién se atrevería a excluirlo de su tradición?

Sin embargo, también hubo objeciones de tipo más general como, por ejemplo, si la urbanidad mediterránea tenía o no algo de particular. Lejos de ella hay grandes ciudades con una urbanidad vigorosa como París, Nueva York, Londres, Buenos Aires, Nueva Delhi, Shanghái, etcétera, por lo que para algunos y algunas mi obsesión por el Mediterráneo resulta problemática. Me gustaría aclarar que la urbanidad mediterránea no posee sobre las demás ninguna superioridad cultural de origen divino, y menos aún ofrece una receta exportable. Simplemente, en ella me he formado y sobre ella puedo contar un par de cosas desde dentro mientras camino y dibujo; en un plano secuencia, que dirían los cineastas. Por eso, distingo en el Mediterráneo tres características o factores que son los que conforman mi aproximación personal.

Característica primera. A lo largo del Mediterráneo, el disfrute del ambiente urbano es independiente de las dimensiones del asentamiento: desde el pueblecito de Tripótamos en la isla de Tenos o Sacrofano en el centro de Italia hasta Siena, Estambul y Marsella. Todos los asentamientos, grandes y pequeños, remiten a un mismo ambiente urbano que percibimos como un todo con la ayuda de la familiaridad del paisaje, la rutina de la vida cotidiana y la sabiduría de las construcciones.

Característica segunda. La urbanidad está impresa en sus tres milenios de historia y en el encanto que irradia el deterioro de los materiales de construcción locales, en las continuidades existentes entre las ciudades de la Antigüedad y las actuales. La fuerte presencia de la memoria y de las huellas antiguas de la ciudad es percibida por todas partes y se mezcla con las huellas actuales. Algunas

21

ciudades resisten los presentes ataques de la urbanización, otras sucumben a ellos. Pero todas ellas, grandes y pequeñas, tienen el tiempo de su parte, como escribe el profesor Kostas Manolidis[5].

Característica tercera. La urbanidad se disfruta en el espacio al aire libre, público y privado, en la calle, el patio y la plaza. A causa del clima, de la luz y de su idiosincrasia, el espacio al aire libre se habita y se utiliza constantemente, desde los atrios griegos hasta los distintos puestos de venta a la intemperie. Vale, pues, también para los «otros mediterráneos» la observación del escritor Periclís Yanópulos de que «la vida en Grecia es al aire libre». Sin embargo, hay algo más aparte del paisaje, los materiales, la historia y el clima, y no podría expresarlo mejor que Maurice Aymard:

> Mucho más que al clima, a la geología, al relieve, el Mediterráneo debe su unidad a una red de ciudades y aldeas constituida de manera precoz y notablemente tenaz: en torno a ella se constituyó el espacio mediterráneo, es ella quien lo anima y lo hace vivir. Las ciudades no nacen del campo, sino el campo de las ciudades, a las que apenas alcanza a alimentar. A través de ellas se proyecta sobre el suelo un modelo de organización social, cuyo esquema tratarán de reproducir en todas partes los emigrantes, forzosos o voluntarios[6].

Son muchos y muchas quienes han ayudado, en numerosas ocasiones sin saberlo, a este proyecto. Aparte de las personas a las

22

5. Kostas Manolidis [Κώστας Μανωλίδης]: *Εδαφολόγιο. Κείμενα για την ύλη της αρχιτεκτονικής* (Edafologio: textos sobre la materia de la arquitectura), Atenas: Nissos, 2017.

6. Maurice Aymard: «Espacios», en Fernand Braudel, *El mediterráneo: el espacio y la historia* (trad. de Francisco González Aramburo), México, D. F.: Fondo de Cultura Económica, 1989, 148-149.

que mencioné en el prólogo de 2006, quiero agradecer por sus ánimos y sus comentarios a las diversas versiones de la presente edición a mis amigos Christina Agriantoni, Kiki Grevia, Tonia Kiosopulu, Olga Lafazani, Kostas Manolidis, Nikos Beopoulos, Stratis Burnazos, Myron Myridis, Lois Papadopoulos y Vilma Hastaoglou. También agradezco a Tasos Cartas y a Alekos Polychroniadis que me dieran permiso para utilizar algunos dibujos del trabajo conjunto que hicimos sobre la capital de la isla de Naxos. Vanguelis Papadiás ayudó pacientemente en la elaboración del mapa del Mediterráneo. Panayotis Pandos se encargó de la corrección completa de los textos; Yorgos Rimenidis aportó su maestría al diseño del libro. Y, por supuesto, mi agradecimiento a Dina Vaiou, que estuvo presente mientras hacía la mayoría de los dibujos y ha contribuido con sus comentarios a esta edición.

Para terminar, quiero acordarme de los dos «pozos de la memoria» de los que habla la crítica literaria Dsina Politi[7]. Me atrevo a decir que el libro que sostienes en tus manos tiene también dos pozos de memoria: los recuerdos selectivos filtrados por el tiempo y mezclados con lecturas y los dibujos que conservan grabada en el papel la imagen del lugar y el placer del instante.

Naxos, julio de 2020

7. Dsina Politi [Τζίνα Πολίτη]: *Αναζητώντας το κλειδί* (Buscando la llave), Atenas: Erato, 2017.

23

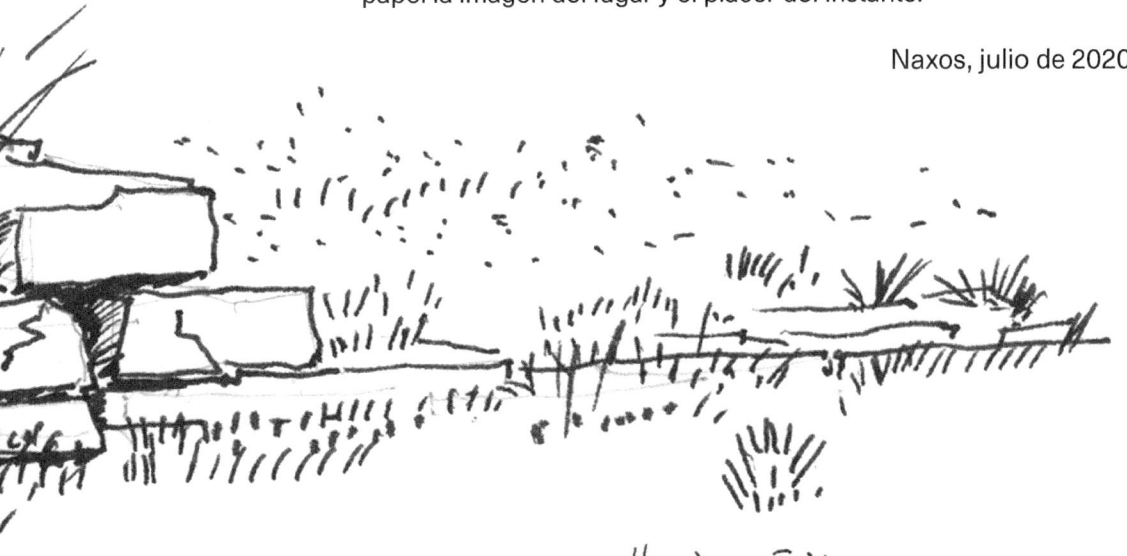

Ηλιο-Ξάλι
Τραυτα απο τα θετέλια του πηγαίνω ναρώ της Ηρας
29.5.08

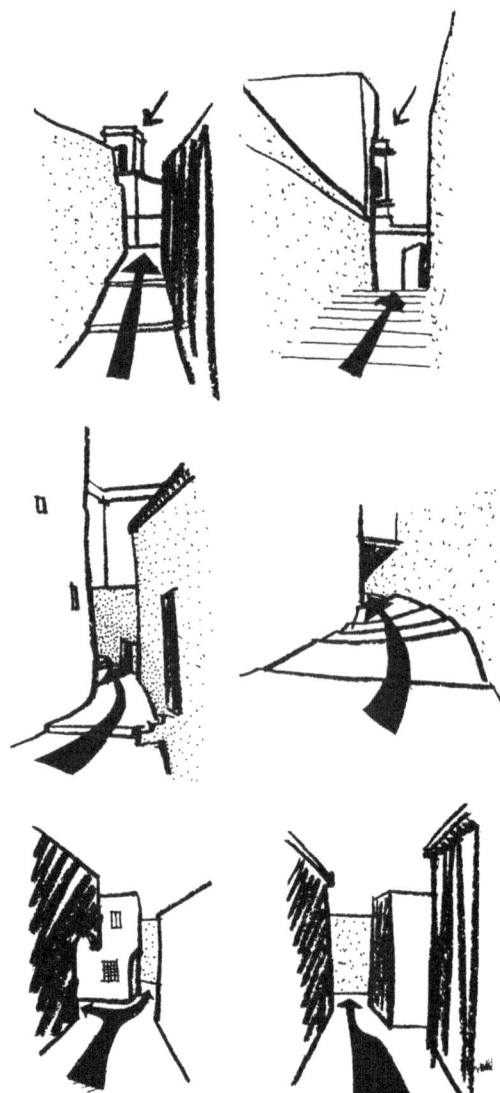

1

Calles y mercados

Comienzo por las calles porque son el elemento más inalterable de una ciudad a lo largo del tiempo. Sus trazados y a menudo su uso tienen una constancia asombrosa, como sucede con la ateniense calle Ifestou (de Hefesto), que ha sido desde la Edad Media la calle de los herreros. El centro histórico de Florencia, de los siglos XIV y XV, conserva su trazado hipodámico. En Palermo, el cardo y el decumano romanos son hoy el Corso Vittorio Emanuele y la Via Maqueda, que se cruzan en los famosos Quattro Canti. En las obras del metro de Salónica, las excavaciones de la estación de Elefcerios Veniselos —todavía en construcción— descubrieron la bizantina vía Mese justo debajo de la avenida Egnatías (que sigue el trazado de la antigua vía Egnatia), sobre las huellas del decumano máximo helenístico y romano. La decisión del Consejo Arqueológico Central de desmontar y trasladar estos restos, en diciembre de 2019, equivale a su destrucción. Ojalá se imponga la prudencia y esta Pompeya bizantina se conserve *in situ.* La mayoría de las ancianas grandes ciudades del Mediterráneo cuentan historias parecidas sobre las memorias vivas con las que concurren sus calles. Sobre las de menores dimensiones, vale la pena recordar las «instrucciones de diseño» que daba Leon Battista Alberti en 1472 en *De Re Aedificatoria:*

26

> [Si una ciudad] es una colonia o una plaza fuerte, procurará accesos sumamente seguros si no se dirige en derechura a la puerta, sino que posee un trazado en zigzag en las cercanías de las murallas [...]; en el interior de la ciudad conviene que no sea directa sino sinuosa, con curvas suaves hacia uno y otro lado como los cauces de agua. En efecto, aparte de que cuanto más larga parezca la calzada, mayor sensación de espaciosidad dará la ciudad, es seguro que contribuirá a [su] belleza [...]. Y, en efecto, ¡qué importante es que les vayan surgiendo gradualmente a los paseantes perspectivas nuevas de los edificios. [...] Nunca dejará de ser umbría en verano la calzada sinuosa; tampoco habrá ninguna casa en que no entre la luz del día. Y no estará nunca falta de brisa [...]. Y no estará nunca sometida a vientos nocivos: serán rechazados en seguida por el obstáculo que suponen los muros[8].

8. Leon Battista Alberti: *De Re Aedificatoria* (trad. de Javier Fresnillo Núñez), Madrid: Akal, 1991, 183-184.

Dudo que todas las ciudades pequeñas conocieran los preceptos de Alberti. Sin embargo, las necesidades de la fortificación y los itinerarios históricos comunes desembocan en la misma sensación de familiaridad que se percibe hoy al andar por sus calles. Cuestas arriba y abajo, escaleras, «luz iluminándose por sombras intrincadas», como escribía el arquitecto y pensador Panayotis Mijelís, calles emblemáticas con soportales a ambos lados que conviven con humildes pasajes bajo algorfas. La mayoría de ellas fueron diseña-

καπάτσε) στην άγορα
(δεν έγραψα το ουσία τω άροχων
Πόλη 20.9.08

9. Costis Hadjimichalis y Alekos
Polychroniadis: «Stadtgestaltung:
Struktur und Charakteristika der
Stadt Naxos», *Bauen und Wohnen*,
vol. 1, 1973, 26-30. *El mismo e*studio
se publicó en griego con breves
adiciones: «Δομή και χαρακτηριστικά
του φυσικού περιβάλλοντος στη
Νάξο» (Estructura y características
del medio ambiente en Naxos),
en Ορέστης Δουμάνης [Orestis
Doumanis] y Paul Oliver
(eds.), *Οικισμοί στην Ελλάδα*
(Asentamientos en Grecia), Atenas:
Architektonika Themata, 1974, 83-97.

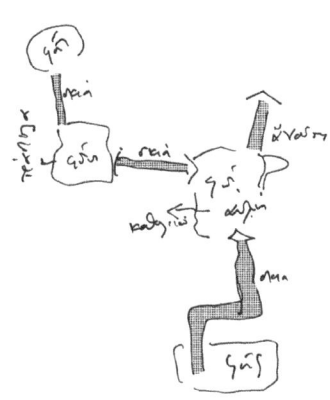

das solo para el tránsito de peatones y animales y forman callejones sin salida, bifurcaciones o cruces en forma de T que generan curiosidad —«qué habrá detrás de...»— o engrandecen con maestría una iglesia o un edificio oficial. Con sus sugerentes pavimentos, sus fachadas planas, curvas o en relieve, las calles de las ciudades mediterráneas —si se les presta un poco de atención— parecen susurrar algo acerca de la antigua cotidianidad que las creó. El efecto es parecido al de una suerte de anticuerpos contra la ruidosa turistificación del verano y el silencio del invierno.

El bazar islámico denota lugar. El *mercatus* latino (de *merx*, «mercancía») sugiere un intercambio, nos recuerda Matvejević. Los grandes mercados de las ciudades importantes eran cubiertos y siempre estaban en lugares céntricos. Todos los que aún no se han doblegado al «síndrome Covent Garden» conservan el mismo uso y son la mejor representación que puede haber de la ciudad: el Kapalıçarşı de Estambul, el Palazzo de la Ragione de Padua, el Varvakios de Atenas, el Jan el-Jalili de El Cairo. Olores, colores, sabores, empujones, jaleo, pequeños hurtos, constituyen en ellos imágenes reconocibles. Los bedestenes de Oriente Medio, mercados cubiertos en los que se comercia en telas, son lugares más tranquilos, como el de Salónica, en tan buen estado de conservación.

Fuera de los mercados, en las calles céntricas —por estrechas que sean— siempre hay actividad comercial, incluso en las ciudades más pequeñas, como pasa en la calle comercial medieval del barrio de Burgos, en la capital de Naxos[9]. Allí estaban las fruterías, los colmados, las panaderías, las carnicerías, las pescaderías y las *boutiques*. De los usos antiguos —hablo de la década de 1960—, han sobrevivido una panadería y una frutería colmado, mientras que en el resto de locales predomina el turismo, de tal manera que la calle queda desierta en invierno. No obstante, los elementos fundamentales del antiguo trazado urbano, desde la puerta de la Playa a la puerta de la Funtana, permanecen inmutables.

En los Balcanes, aunque también en las islas, la palabra griega moderna *socaki* (del turco *sokak*) se refiere a cualquier lugar de paso estrecho y pequeño, incluido el estrecho de Gibraltar, al que el cartógrafo árabe Al-Idrisi, de la corte del visir de Córdoba, llama *sucak*. ¿Qué se esconde tras las callejuelas y las avenidas de Marsella, alrededor del viejo puerto? Las descripciones de Izzo sobre los marginados, las drogas, la prostitución, las violaciones, el contrabando marítimo y el crimen recuerdan a las de la antigua Barcelona, Génova o El Pireo. No siempre se ha podido caminar con despreocu-

27

pación por las calles del Mediterráneo. Los mismos barcos, la actividad comercial parecida y los comportamientos correspondientes conforman usos y fobias similares.

Para el comercio, son requisitos el dinero y las unidades de medida comúnmente aceptadas. A lo largo de la Antigüedad y de la Edad Media y hasta la creación de los estados-nación, las ciudades mediterráneas tuvieron cada una su propia moneda, pesos y medidas, y las leyes eran duras con los infractores. En la jamba de mármol derecha de la puerta del Castillo de Naxos, hay grabado un codo veneciano. Todo comerciante que entrara debía comparar su vara de medir con la medida grabada en la puerta. Quien no tuviera la misma longitud no pasaba. Los pesos y medidas tienen constancia en el tiempo; los cambios no se producen tan fácilmente. En la década de los cincuenta, todavía medíamos en brazas (*oryá* en griego moderno, del turco *arşin* y este, a su vez, del griego antiguo *orgyia*) las zambullidas y la profundidad a la que soltábamos la nasa y, cuando nos mandaban a la compra, teníamos instrucciones muy precisas sobre las dracmas, las onzas y la vuelta para que no nos «engañaran con el peso». Instrucciones que no tenían sentido, pues el tendero no era ningún desconocido, sabía de quiénes éramos y conocía personalmente a nuestros abuelos y padres.

El control de los pesos y medidas era una práctica extendida en todos los mercados del Mediterráneo. De hecho, en los más grandes, como en la Boqueria de Barcelona o en nuestro Varvakios, ha-

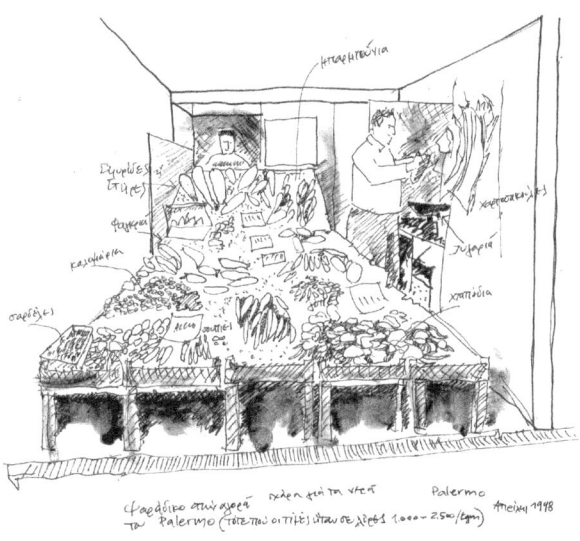

bía un lugar y un cuerpo público con este objeto. Con gran emoción, descubrí la misma dependencia en el ágora de la antigua Mesene: la gran piedra con tres agujeros de diferente tamaño en la que los comerciantes tenían que presentar los cucharones y recipientes de arcilla con los que despachaban el género para su inspección.

29

Como los peces van a todas partes, en todas las costas del Mediterráneo comemos los mismos; también los vemos en los mercados más característicos de la región, los del pescado, en los que disfrutamos de los colores, los olores y las voces. Difícil elección en nuestros días, el pescado, después de la sobrepesca sufrida por el otrora lleno de peces mar cerrado, las numerosas piscifactorías y las importaciones de otros mares. No se puede confiar solo en el propio criterio; es mejor conocer al pescadero o ir recomendado. Muchos peces tienen nombres comunes en la mayoría de idiomas y las formas de cocinarlos resultan siempre muy familiares, como nuestra *cacaviá,* un tipo de sopa de pescado conocida por todas las comunidades pescadoras. Lo que en griego llamamos *sardela* es en español e italiano *sardina, sardine* en francés y *sardalya* en turco. Lo que llamamos *tsipura* es en español *dorada, orate* en italiano y *çipura* en turco. Nuestro *sargós* es el sargo en español, el *sarago maggiore* en italiano y el *karagöz* en turco. Nuestra *supiá* —la sepia en español e italiano— da también nombre al color. Lo que en griego llamamos *stridi* —esto es, la ostra— es en turco *istiridye* y en la variedad de árabe tunecina *istridia.* Y, por supuesto, los calamares son calamares en todas partes, salvo en la costa francesa, donde los llaman *encornets.*

30

«Las tres iglesias»+escaleras.
Jora, Amorgos, 12.8.05
El encanto de las plataformas triangulares escalonadas que dividen en dos el curso de la calle principal. Organizaciones teatrales del espacio a pequeña escala, diseñadas por maestros albañiles. Por eso las mesitas de la taberna se extienden por todas las plataformas. Esa misma noche después del concierto las escaleras estaban llenas de gente, incluidos nosotros.

JORA, AMORGOS 2005

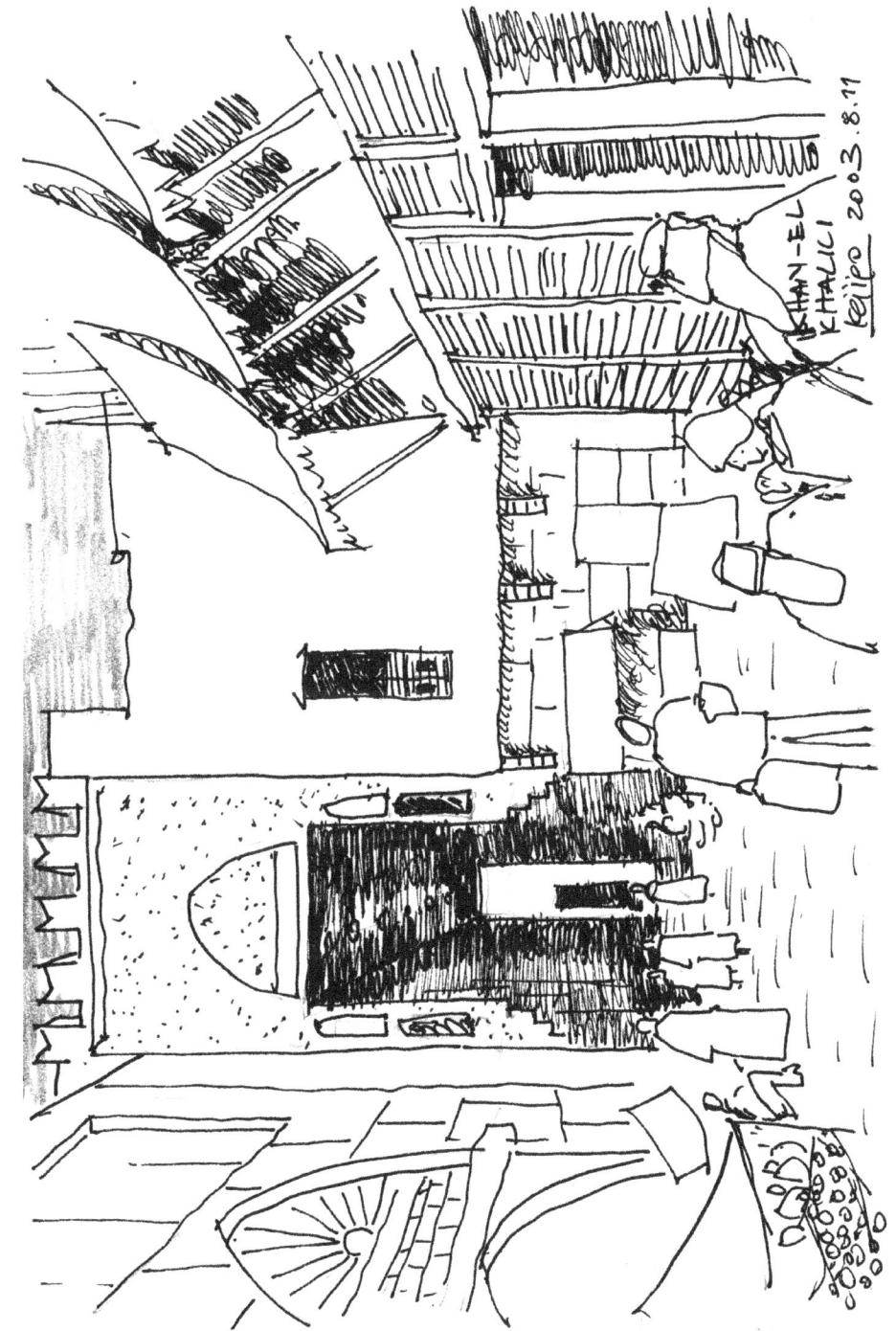

KHAN-EL
KHALICI
felipe 2003.8.11

31

¡Otra vez en Bilbao 25 años después! Irreconocible, pero no solo por el efecto Guggenheim. Es la pujanza de la industria y la prosperidad económica. La crisis del resto de España no ha llegado de igual modo a los vascos.

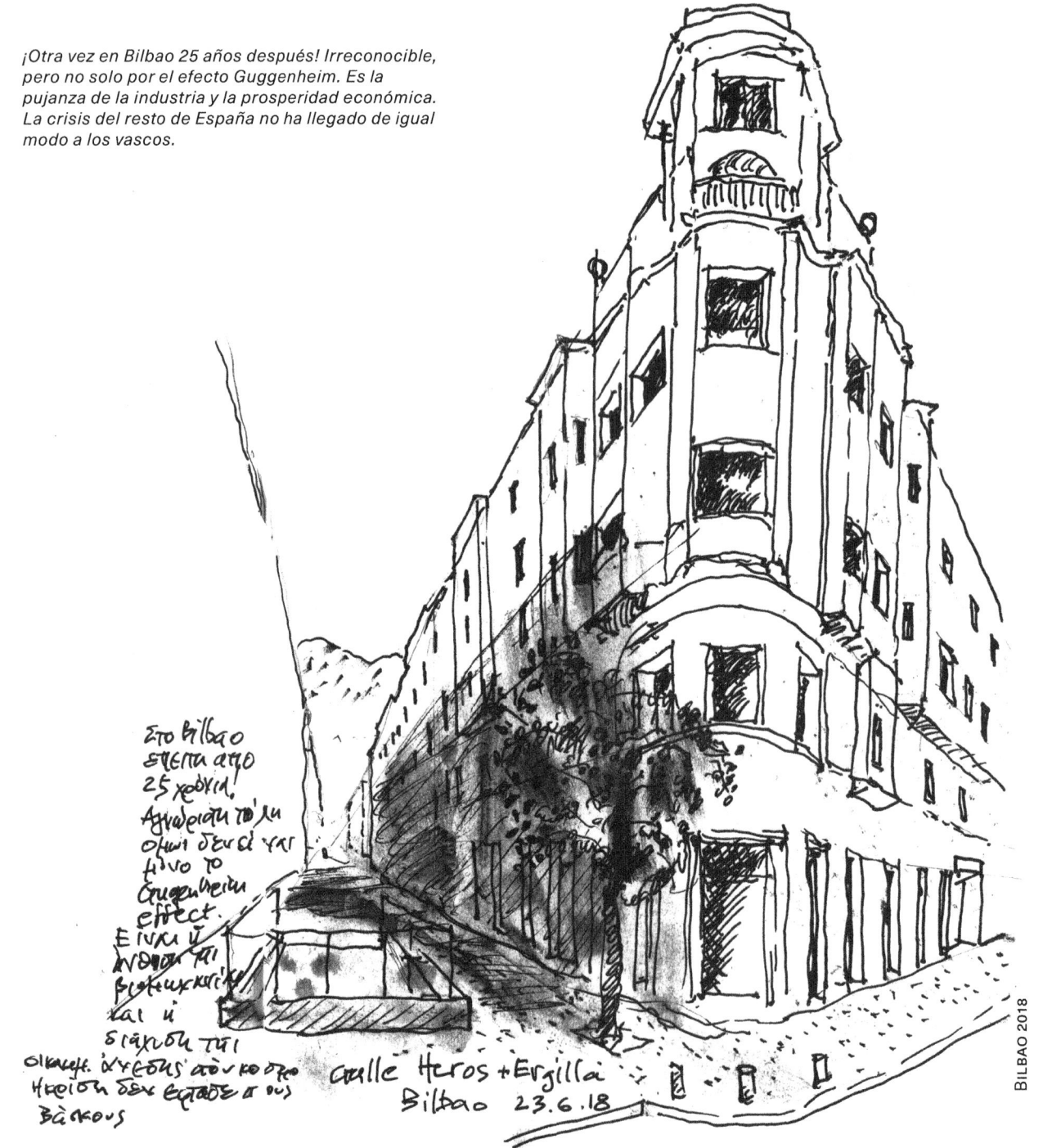

Στο Bilbao
ξεπειτα απο
25 χρόνια.
Αγνώριστη πόλη
ομως όχι μονο για
τιυο το
Guggenheim
effect.
Είναι η
άνοδος της
βιομηχανίας
και η
διάχυση της
οικονομικής άνθεσης στον κόσμο
η κρίση δεν έφτασε στους
Βάσκους

Calle Heros + Ergilla
Bilbao 23.6.18

BILBAO 2018

33

πλάστηκυπαρίσια

θέα

ΘΕΑ→

εἴσοδης
Εκκλησίας

ΘΕ κρήνη
τε νερό
ανάγκη

εἴσοδη χωρίκάτω από
τον εἴσοδη τηεεκκλησίαι
ο κεντρικος δεστος

καρδιανέι
21.8.02

34

Kapalıçarşı – Istanbul – büyün '84

ANO VACI, SAMOS 2008

Anw Badi
25.5.08

οι λειτουγοι του
Jean-Claude Izzo
Σε μια ζωή όπου η ανθρωπιά απως
στα διάμι +ατο του-
Montée des
Accoules
Marseille 13.3.05

37

Palazzo della Ragione, Padova
Nov. 2013

38

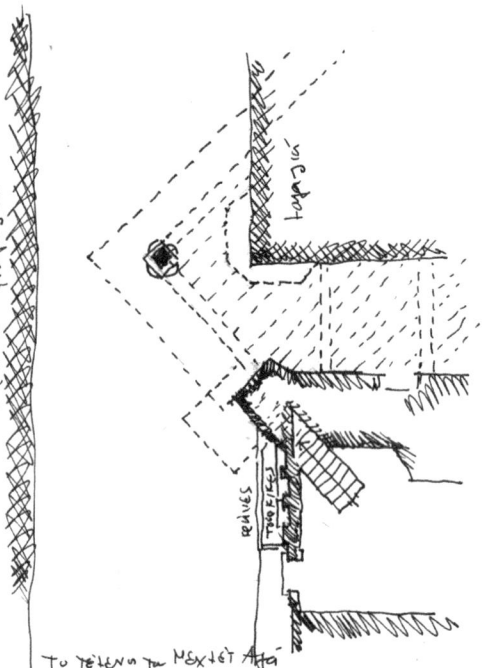

La mezquita de Mehmet Aga, en la intersección de las calles Sokratous y Agiou Fanouriou. La disposición en diagonal del edificio realza su importancia y hace de él un lugar de referencia y un accidente en medio de la calle comercial. El pilar es el único «obstáculo» en toda la calle, llena de tiendas turísticas feísimas.

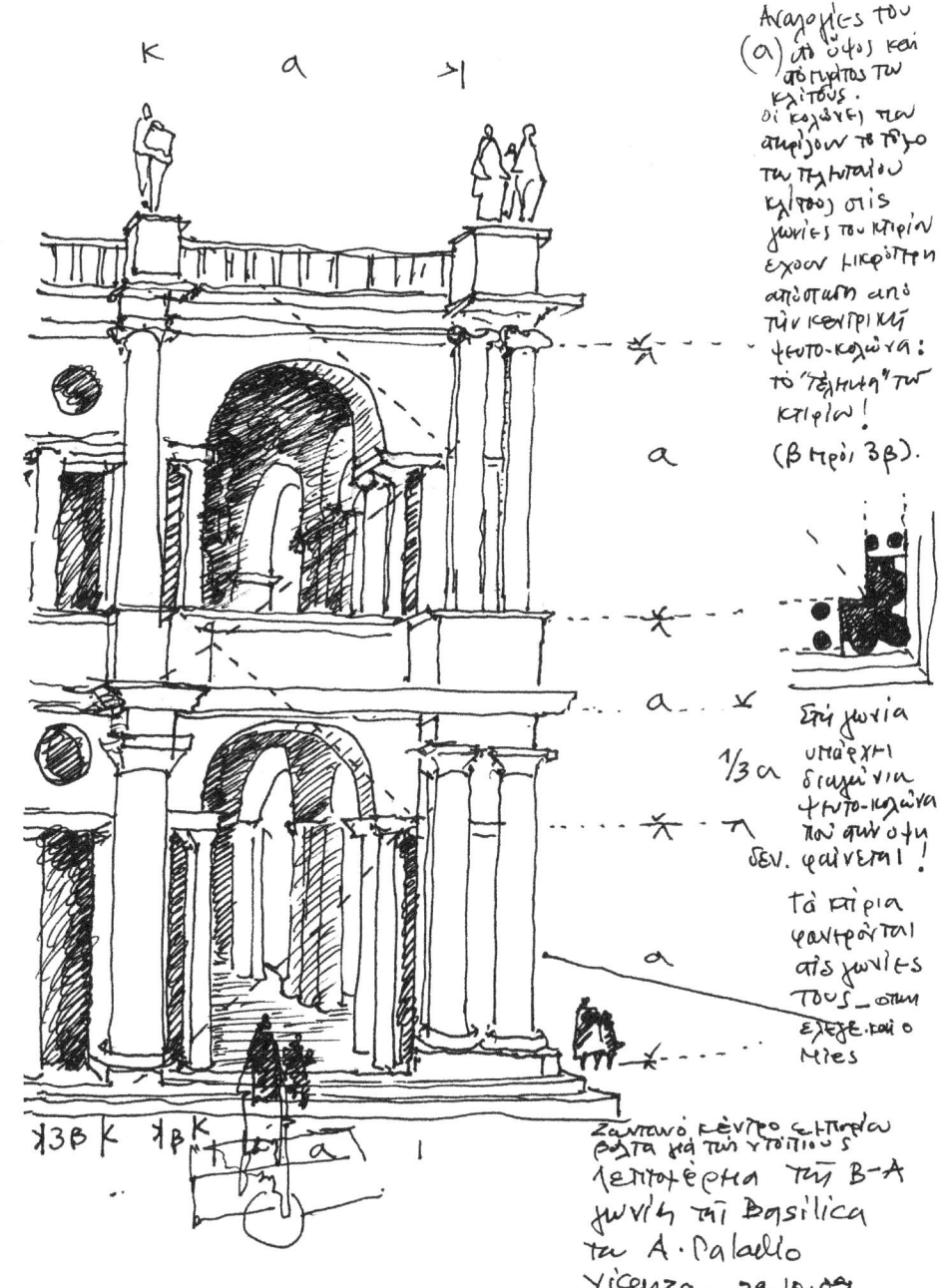

Animado núcleo comercial hasta el día de hoy y escenario de los paseos de los lugareños. Proporciones entre la altura y el ancho de la logia (a). Las columnas que sustentan los arcos de los extremos del edificio en los dos niveles están a menor distancia de la columna adosada que las que sustentan los arcos de su parte central (β a 3β): ¡el «remate compositivo»!

Mirando de frente la fachada no se percibe cómo la columna adosada del extremo forma el ángulo de la Basílica. Decía Mies van der Rohe que en las esquinas los edificios revelan ventajas y deficiencias.

Detalles de la esquina noreste de la Basílica de Andrea Palladio.

Vicenza, 29.10.04

40

Αρχουτικο
Κουτουχιουτοπλο
Καλουδμ

Λαοδφαφικο

Ξανθη
ΟΚΤ. 2014.

Πιναίεοθηκ

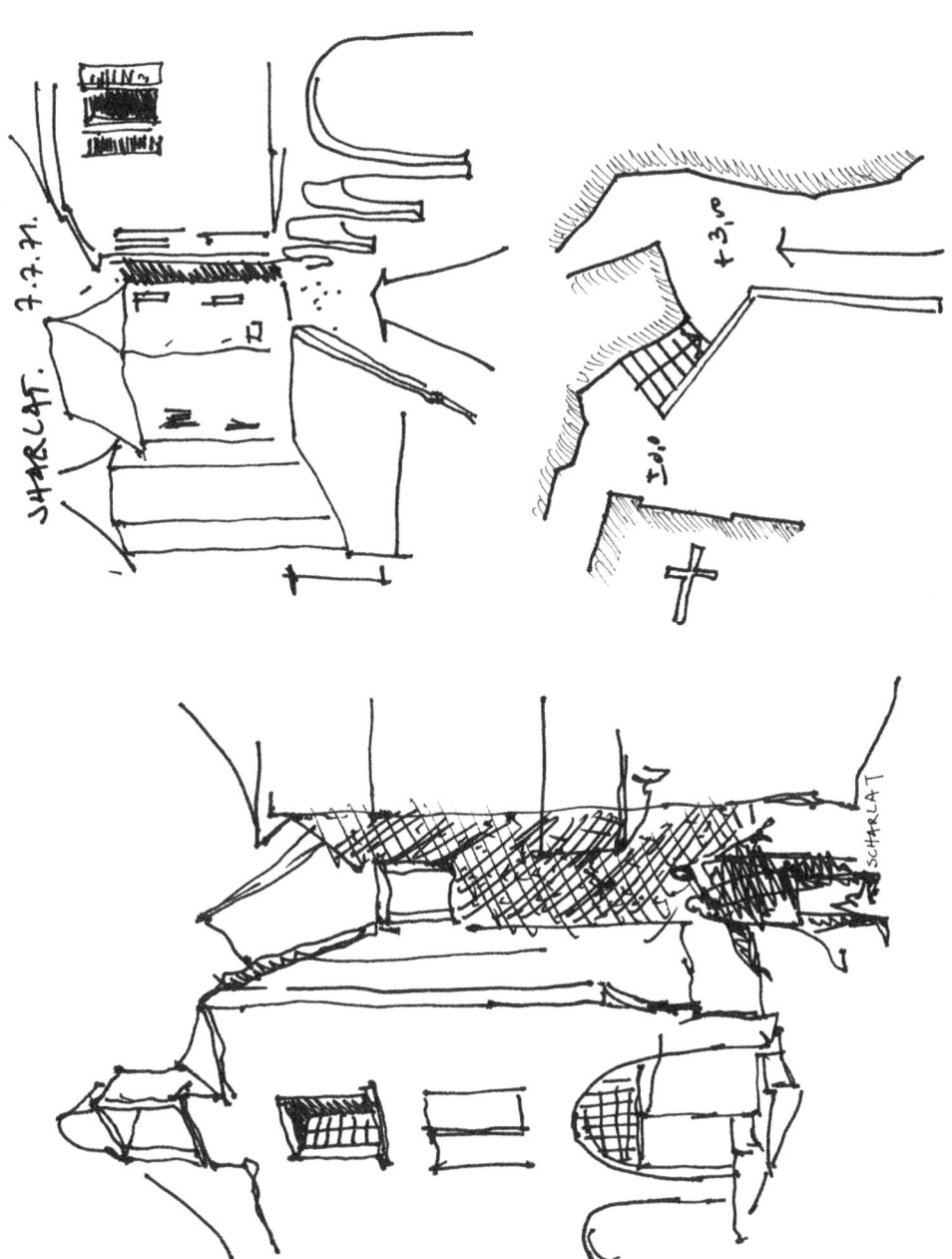

SARLAT-LA-CANÉDA 1971

H πλατεία '64

2

Plazas y plazuelas

Poco se puede decir sobre las plazas que no sea ya de sobra conocido. De la situación inicial de autoorganización colectiva —incluso en los asentamientos pequeños— en la Baja Edad Media, pasan a ser objeto de planificación por parte de especialistas y centros de vida de la ciudad. A la plaza como creación colectiva la suceden la plaza diseñada por arquitectos de renombre durante el Renacimiento, la plaza aristocrática del Barroco y la plaza de los burgueses del siglo XIX. Diseñadas en su planta y fachadas, hasta las más pequeñas tienen una «dominante vertical»: una torre, un campanario, más tarde un reloj o un gran árbol. Unas reflejan las ambiciones de los soberanos de la época; otras, la sencillez de la sociedad local.

En ellas, acontecen los mercados, las transacciones, los encuentros, las celebraciones y los espectáculos, y también en ellas, iglesias, viviendas palaciegas o casas consistoriales proyectan el atractivo del poder. Nacidas en el Mediterráneo, las plazas son parte integral de la urbanidad y un rasgo determinante de la civilización europea que la diferencia del islam. En este, el espacio público equivalente son los alargados mercados cubiertos y los espacios abiertos de instituciones comunitarias como mezquitas, fuentes de uso público, etcétera. En las musulmanas costas meridionales del Mediterráneo, la plaza es una innovación relativamente reciente. De hecho, en los asentamientos históricos se encuentra fuera de las murallas y de la medina, como pasa en Fez y Mequinez, en Argel, en Túnez y en El Cairo. La Primavera Árabe, que concluyó sin gloria, sucedió en estas plazas. La voz griega antigua *plateia* (la *platía* del griego moderno) se convierte, pasando por el latín, en *piazza, place, plaza, Platz,* etcétera, y se diferencia por completo de la inglesa *square,*

10. Franco Mancuso: «Η πλατεία της ιταλικής πόλης» (La plaza de la ciudad italiana), en Centro de Estudios Históricos de Mestre [Κέντρο Ιστορικών Μελετών του Μέστρε], *Πλατείες και πόλεις στην περιοχή της Βενετίας* (Plazas y ciudades en la región de Venecia, trad. al griego de Vasilis Catemidis), Salónica: University Studio Press, Departamento de Arquitectura de la Universidad Aristóteles de Salónica 2001. Traducido de la versión griega.

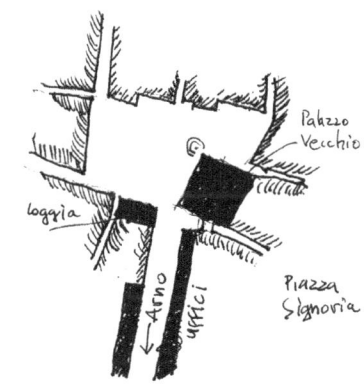

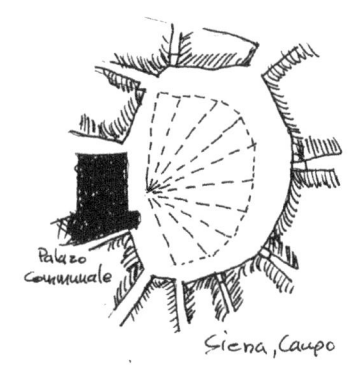

que no encaja con facilidad por estos lares, ni siquiera fonéticamente. La *platea-piazza* es un concepto mediterráneo.

Dice Franco Mancuso de las plazas italianas que «para que haya una plaza debe haber una ciudad y para que haya una ciudad debe haber una plaza»[10]. Grandes o pequeñas, las plazas del Mediterráneo ofrecen una maravillosa variedad de formas y funciones, dependiendo del tamaño y la opulencia de la ciudad y de la época. En los pequeños asentamientos fortificados, la falta de espacio no permite grandes plazas. En esos casos, hablamos más bien de plazuelas, como en la mayoría de asentamientos de las islas Cícladas y de las montañas de Italia y España. Los suelos de las plazas y plazuelas, a los que se refiere Italo Calvino, tienen unas elaboraciones admirables: placas de pizarra, mármol, granito, guijarros, ladrillos cerámicos o losas calizas, hasta azulejos de colores. En las plazas mediterráneas, árboles y plantas son infrecuentes; su tímida aparición en ellas no comienza hasta el siglo XIX.

Las formas de las plazas son diversas: ideales, como en los cuadros de Della Francesca, De Chirico o Nicos Engonópulos; cuadradas o rectangulares, rodeadas de edificios y galerías uniformes, como la plaza Mayor de Madrid o la *plaça* Reial de Barcelona; hexagonales, como la singular *piazza* Grande de Palmanova; ovaladas o circulares, utilizadas como anfiteatros, como la *piazza* del Campo de Siena. Las encontramos enfrente o al lado de edificios importantes a los que engrandecen o con uno de sus lados abierto a las vistas, a modo de gran balcón público, como la *piazzetta* San Marco de Venecia, la *place* Centrale de Menton y la *piazza* Grande de Gubbio. Todas aúnan muchos usos distintos, pero los fundamentales son el comercio y las celebraciones de todo tipo; durante ellas es cuando desempeñan su función primordial: el espectáculo. Procesiones, acróbatas y magos, verbenas, representaciones teatrales, competiciones deportivas a caballo o con pelota —una especie de antepasado del fútbol del siglo XV— en la *piazza* Santa Croce de Florencia; corridas de toros en España y Portugal. Pero también el simple paseo, con las mesas en la calle, para ver y ser visto. Por supuesto, no hay que olvidar la vinculación de las plazas con hechos atroces como las ejecuciones públicas y la quema de mujeres acusadas de brujería, pero también con hechos históricos trascendentales, como los «movimientos de las plazas» del período 2011-2013, que subrayaron la función política de la plaza mediterránea.

En la década de los sesenta, Thales Argyropoulos, profesor de urbanismo de la Universidad Aristóteles de Salónica, nos instaba

45

a dibujar de memoria la planta de tres plazas emblemáticas —la de San Marco de Venecia, la del Campo de Siena y la della Signoria de Florencia— para tratar de penetrar los secretos de su diseño. Lo mismo, pero con otras palabras, nos decía Jakob Bakema en Salzburgo: que copiáramos dos o tres veces el diseño de una ciudad antigua, que le tomáramos el pulso, antes de diseñar algo para ella, aunque fuera un edificio pequeño. Más tarde, en el estudio de arquitectura ateniense Atelier 66, comenzábamos siempre los grandes proyectos por la plaza.

En Venecia, las plazas originadas a partir de claros en el bosque —los famosos *campi*— no siempre estuvieron pavimentadas. Como su nombre indica, fueron en origen campos en el centro de las 104 islas que fueron conformando poco a poco Venecia, las cuales inicialmente estuvieron edificadas solo en su perímetro. Con el tiempo, a medida que el tejido residencial se fue espesando, los *campi* se pavimentaron y adquirieron su forma actual. Aparte de sus usos sociales, políticos y religiosos, quizás el menos conocido sea el de colector de agua de lluvia para su almacenamiento en grandes cisternas subterráneas. Su diseño y construcción debían garantizar la mayor concentración de agua posible, pero también un buen aislamiento del mar, de las inundaciones y de la contaminación. El agua de las cisternas era propiedad pública de todos los venecianos, su uso estaba permitido a determinadas horas del día y se extraía de pozos con brocales exquisitamente decorados: las llamadas *vere da pozzo*. Cisternas, pozos y *campi* definieron el desarrollo urbanístico de la ciudad, porque constituían una infraestructura técnica costosa que no podía modificarse fácilmente: la ciudad del agua, pero no solo del agua de mar. Hoy, las cisternas, los *campi* y los cimientos de los edificios se ven amenazados por la contaminación del golfo de Venecia, las frecuentes inundaciones causadas por el aumento del nivel del mar y las olas levantadas por las embarcaciones rápidas y los cruceros.

En ciudades como Málaga o Alicante, aunque también en lugares del interior como Matera —en la región de Basilicata—, las plazas principales también funcionaban como colectores de agua de lluvia para su almacenamiento en grandes aljibes municipales. La famosa *piazza* del Campo de Siena se formó durante el siglo XIII y fue pavimentada en 1349. Entonces se construyó también la gran cisterna subterránea municipal *(gavinone),* que recoge el agua de lluvia de la plaza, la cual por su forma y pendiente funciona como una cuenca de captación artificial gigante. Sus nueve secciones

46

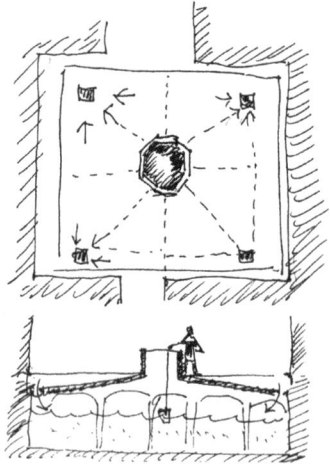

La vereda pozzo.

Πηγάδι – στέρνα (pozzo) για ουδεγμ βροχικον νερού στη Βενετία. Κάθε πλατεία, κάθε δε αίθριο μάζεψε νερό για την υπόγεια στέρνα που ήταν πολύ καγμ δε μόνωση για να την πηερά ει υ θάλασσα. Η στέγμ γίνονταν τέσσ όλους και βόλτα. Νοέ. 2013.

Pozo o cisterna para recoger el agua de lluvia. En Venecia, toda plaza y todo espacio abierto disponía de colectores de agua que vertían a una cisterna subterránea. Su construcción se hacía con sumo cuidado, estaban perfectamente impermeabilizadas para evitar infiltraciones de agua salada y se sostenían sobre cúpulas o arcos.

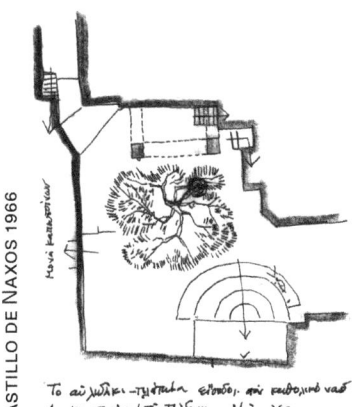

simbolizan la regla de los nueve gobernantes elegidos. El pavimento de la plaza se cubre con arena en su perímetro dos veces al año para las carreras de caballos, el famoso Palio. Desde la Edad Media, participan en la carrera diez jinetes que representan, después de un sorteo, a diez de los diecisiete barrios de la ciudad. ¡Las victorias de cada barrio llevan registrándose desde el siglo XVII!

En castillos y fortalezas en ruinas como el de Carítena, el de Metone o el de Apaliru, en la isla de Naxos, las cisternas son siempre los restos mejor conservados. El tamaño de la cisterna y la calidad de la impermeabilización con puzolana nos ofrecen datos sobre el número de habitantes y el grado de pericia técnica de la época. En los pueblecitos urbanos griegos en los que hay abundancia de agua, la ubicación de la plaza la señalan uno o más grandes plátanos de sombra. Así ocurre en pueblos como Andrítsena, en los pueblos del monte Pelión —como en Tsangarada, con su colosal plátano—, en la localidad de Filoti en Naxos o en la de Pirgos, en Tenos.

¿Cómo se debe hablar de las ciudades y sus plazas? El decir de los expertos no es suficiente. ¿Cómo hablan de ellas sus habitantes, cómo describen su vida cotidiana, qué elementos escogen para conformar su propia urbanidad? Las palabras producen lugares concretos, contienen historias y tradiciones, tienen el poder de definir imágenes y percepciones. La *square* se remonta a las luchas por salvaguardar los bienes comunales en Inglaterra, pero ¿cómo describir una *piazza* italiana? Las palabras del lugar muestran la historia social de la ciudad; no solo existe la historia de las ciudades, sino también la historia de las palabras que hablan de ellas, como nos dijo Christian Topalov en una conferencia en Atenas en 2007.

47

48

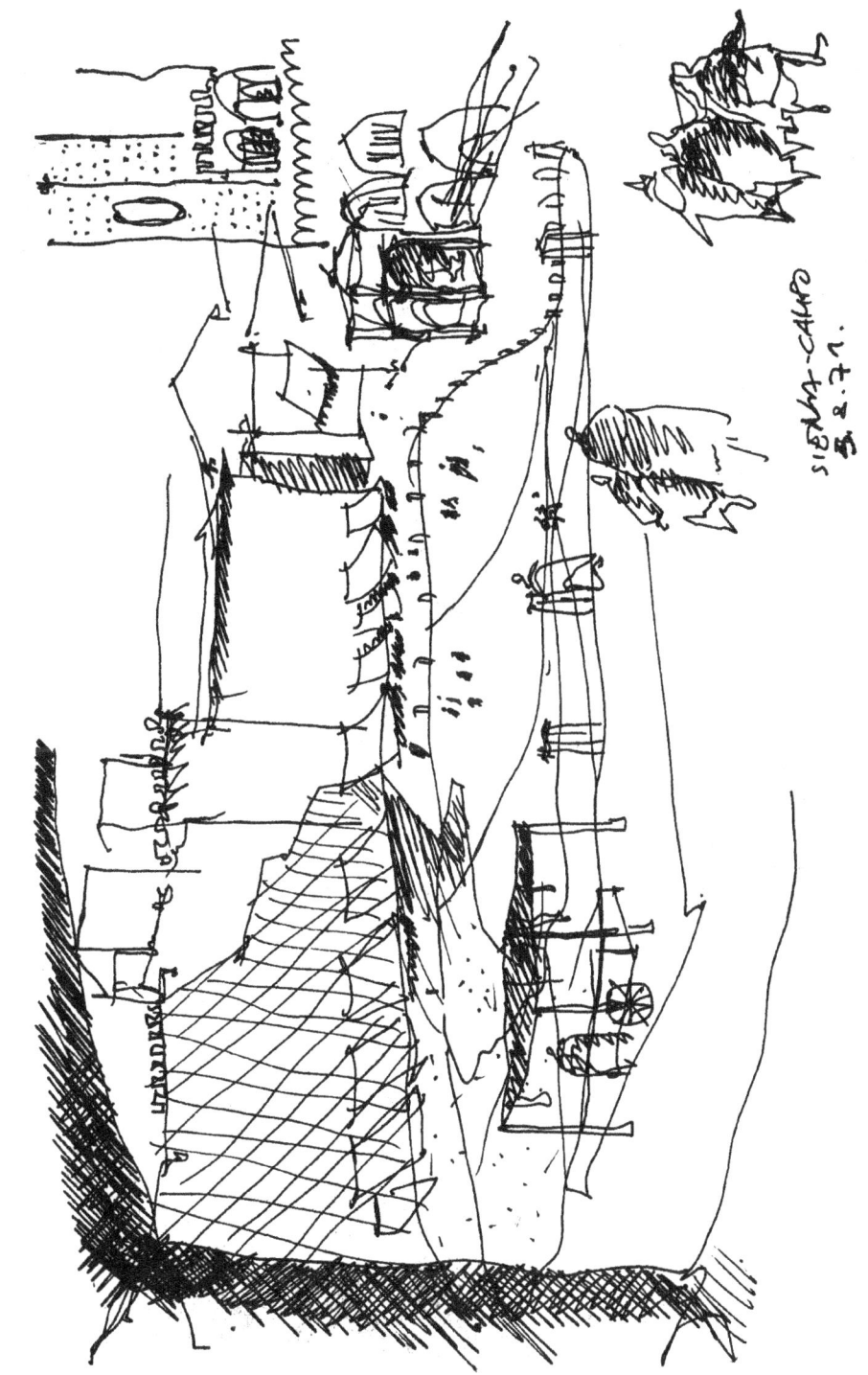

SIENA-CAMPO
5.8.71.

49

3.8.71.
VENEZIA — SAN MARCO

51

52

Plaza del Pi - Barcelona
luxín 02

BARCELONA 2002

Gubbio 115-03
il tuctoubio - theatoa.

53

54

55

56

Pl. d' Estienne d'Orves
Marseille, 13.3.05, Trou[...]

57

58

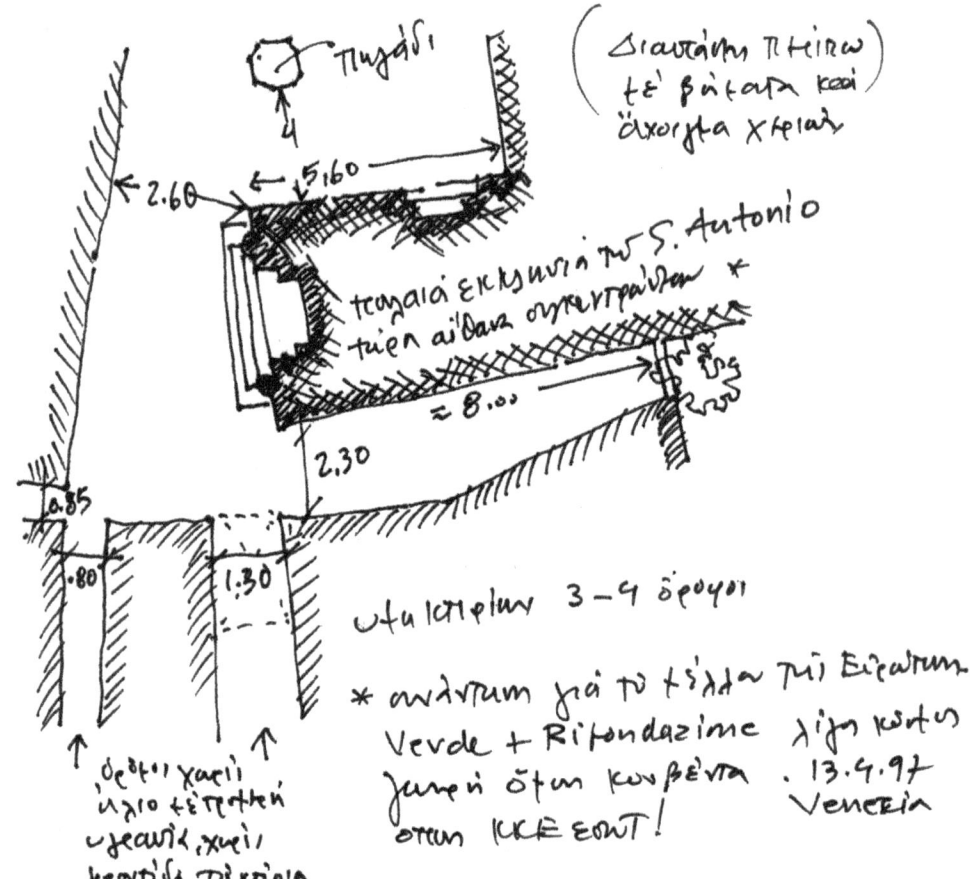

η ψυχή της πιτζατείσης, ο Δαύτης
Ηπειρούτα στη πιθεντα της S. Croce Οκτώθριω 2010

59

Menton 1997
7.9.97

MENTON 1997

Plaza-mercado-aparcamiento de Pultusk, a 60 km al norte de Varsovia. Pequeña ciudad medieval y mercado de abastos de la zona rural circundante, un «lugar central», siguiendo a W. Christaller, en medio de una llanura. Hoy, con 20 000 habitantes y sin demasiada vitalidad, recuerda a un pueblo de 1 000 habitantes del sur de Europa.

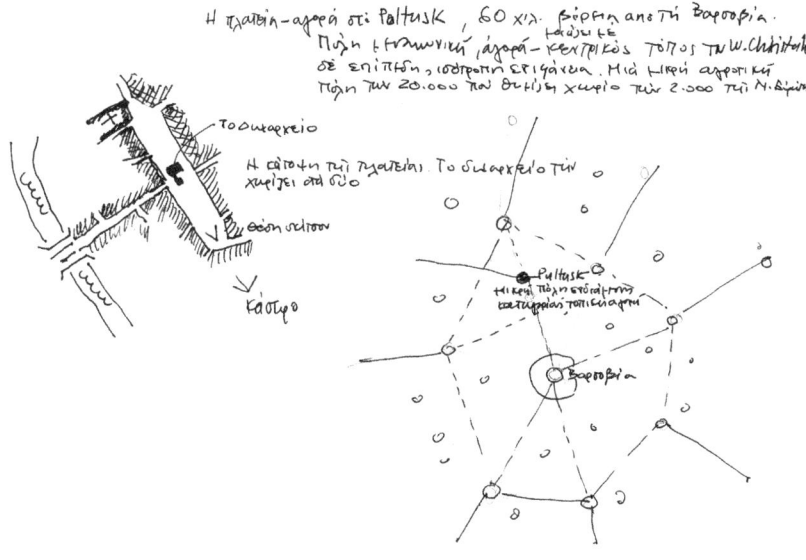

62

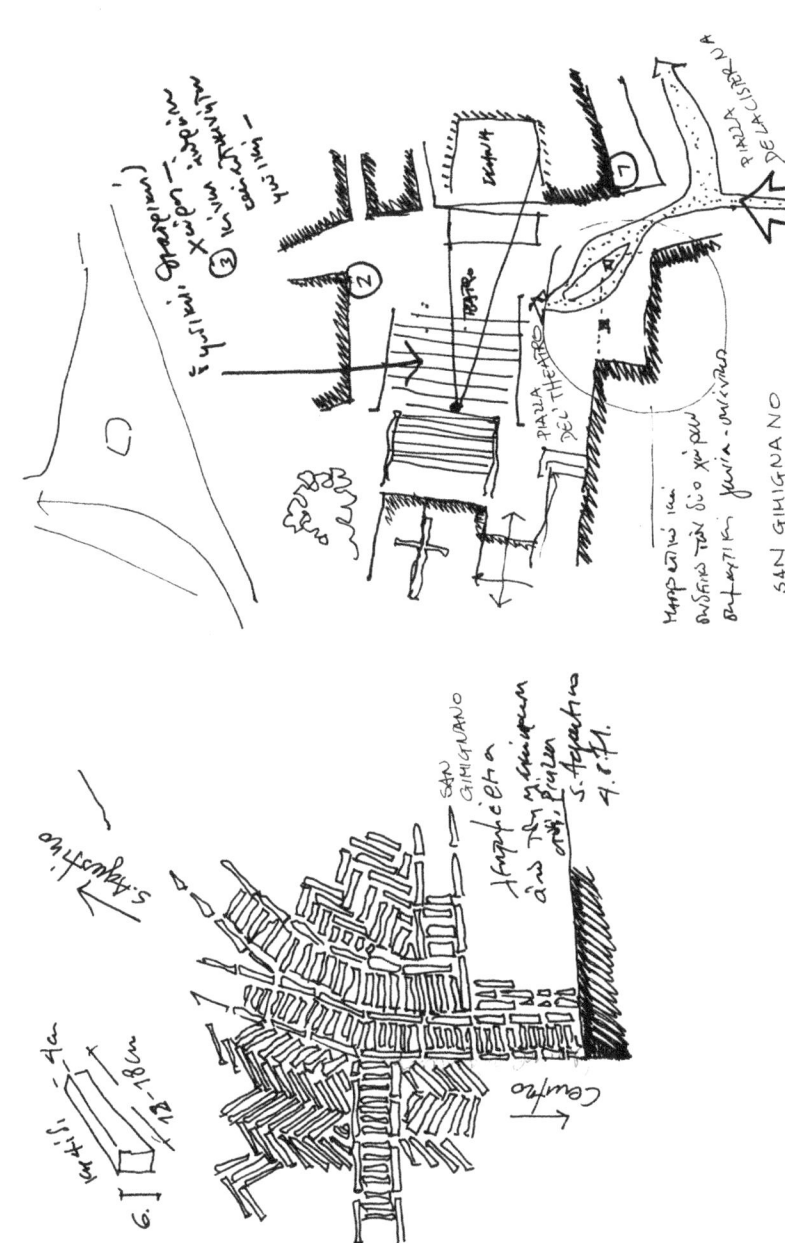

SAN GIMIGNANO 1971

63

64

Pza S. Petro Caveozo, Matera 26.10.08

65

*En Oñati para asistir a la reunión
final del proyecto GRECO, una
investigación sobre el impacto
de la crisis en el sur de Europa, en
la vida cotidiana de los europeos
del sur. Los vascos no han sentido
la crisis del mismo modo. Lugar
próspero, limpio y tranquilo, ciudad
con historia, con una universidad
antigua, muchos niños en la plaza.
Contraste absoluto con lo que
he podido estudiar en el resto de
España y los otros países.*

66

Plaza de los
Oñati Foruen Fueros
ENPARANZA
27.6.18

Sarriegi plaza
Donostia /San Sebastián
29.6.18

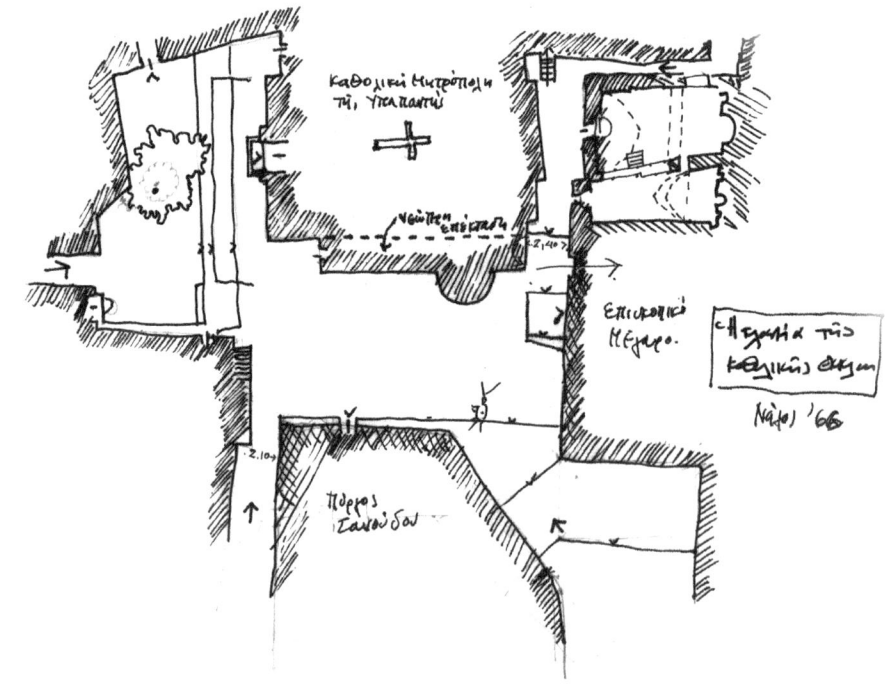

68

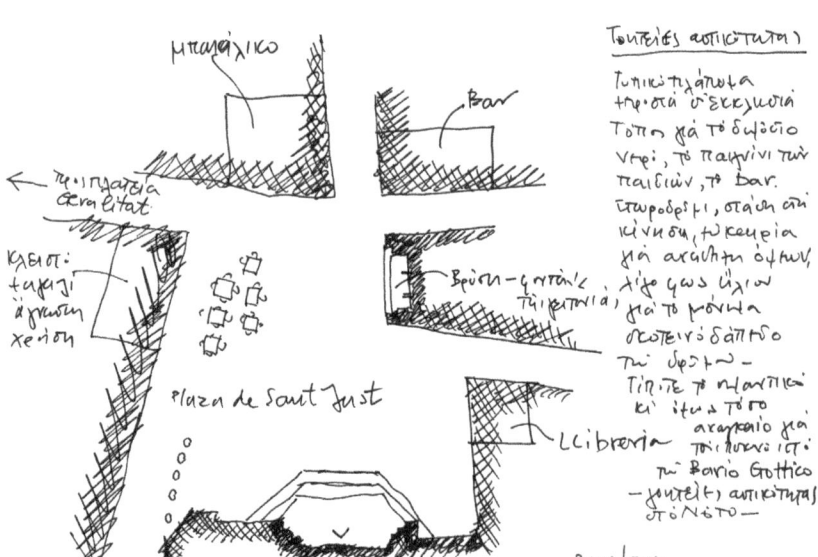

Plaça de Sant Just, Barcelona, julio 2002
Típica plazuela frente a una iglesia. Lugar para la fuente pública, los juegos de los niños, el bar, un cruce y un alto en el tránsito, un poco de luz del sol para el suelo de la calle, siempre a la sombra. Los locales comerciales son una librería, un colmado, un bar y otro cerrado de uso desconocido. Nada especial, y sin embargo, un claro tan importante en el denso tejido urbano del Barrio Gótico. Encantos de la urbanidad en el sur de Europa.

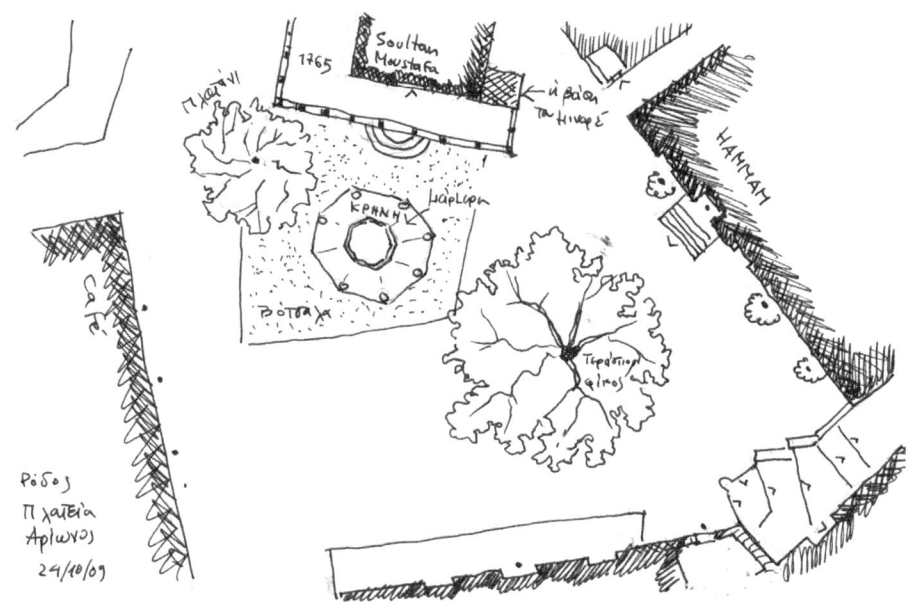

Ρόδος
Πλατεία
Αρίωνος
24/10/09

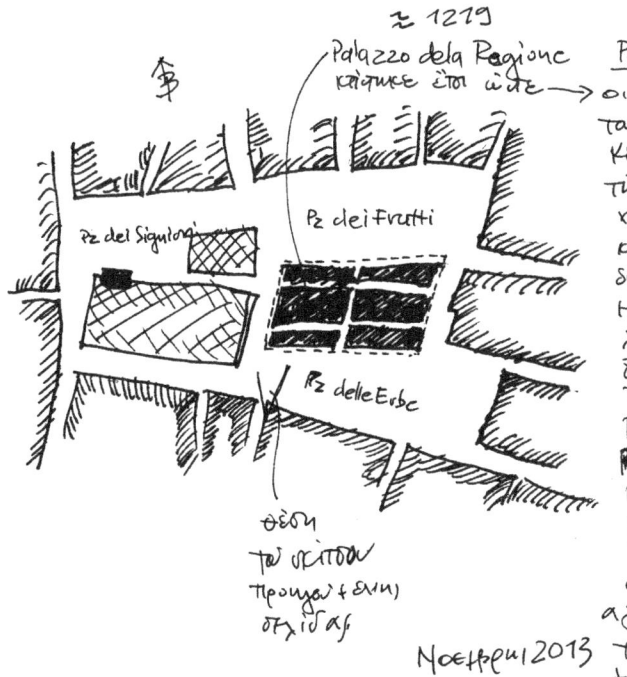

≈ 1279

Palazzo dela Ragione
κτίσμκε έτοι ώδε →

Padova

Pz dei Signori

Pz dei Frutti

Pz delle Erbe

οι τρεις πλατείες
του ιστορικού
κέντρου, απέχτα
την ρωμαϊκής
χάραξης. Συνέχεια
και αλληλουχία
δημόσιων χώραν
με διακριτές
λειτουργή.
Στο επίπεδο των
πλατειών το
Palazzo dela
Ragione έχη
καταστήματα
και στοές.
Τις πλατείες
ύπαιθρες
αφρές-καρότσια
το βράδυ τα
ταζιτών όχι.

θέση
τον σπίτον
προσγρ + ελ(ν)
σχιδας

Νοεμβρι 2013

.... και τέσα στο Palazzo
.... εκεετές του Φουκώ!

69

*Palazzo della Ragione,
piazza dei Signori, piazza
della Frutta y piazza delle
Erbe, Padua,
noviembre 2013
Las tres plazas son una
continuación del trazado
de la ciudad romana y
establecen una corres-
pondencia entre los tres
espacios públicos al aire
libre y sus funciones
diferenciadas. Las galerías
llenas de comercios del
Palazzo della Ragione
están abiertas
a las tres plazas. El edificio
es un romboide: sin
ángulos rectos. Las plazas
están llenas de puestos
ambulantes, carritos que
mueven mucha clientela.
Por la tarde se recoge todo
y pasa el servicio de
limpieza municipal.
Y dentro del palacio...
¡el péndulo de Foucault!*

FLORENCIA 2010

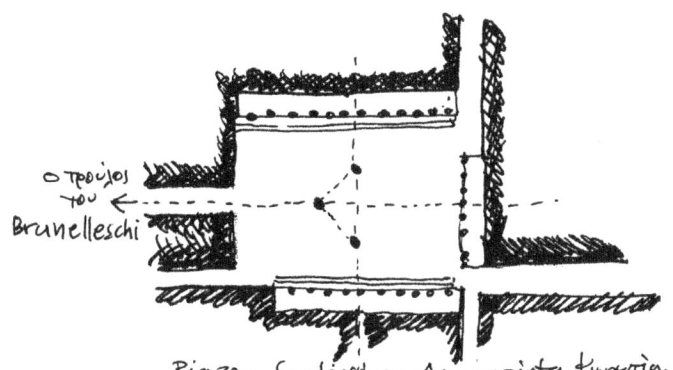

O τρούλος του ← Brunelleschi

Piazza Santissyma Annunziata, Φλωρεντία.
21/10/10

Παρέα Γε βαλκάνιους
Πουτάνους
S.S.
Annunziata
21/10/10

ηπ ρατεία τε τις καρυδιές
θης. καστανιές (ποσι τι
έτραφη λαδoς και ρωτανε ο
Νίκος Ιτακατίχος.

Κισσός - Πήλιο
13.5.06

73

Nikosia
Selimiye Square
22.10.06.

Ag. Sofia

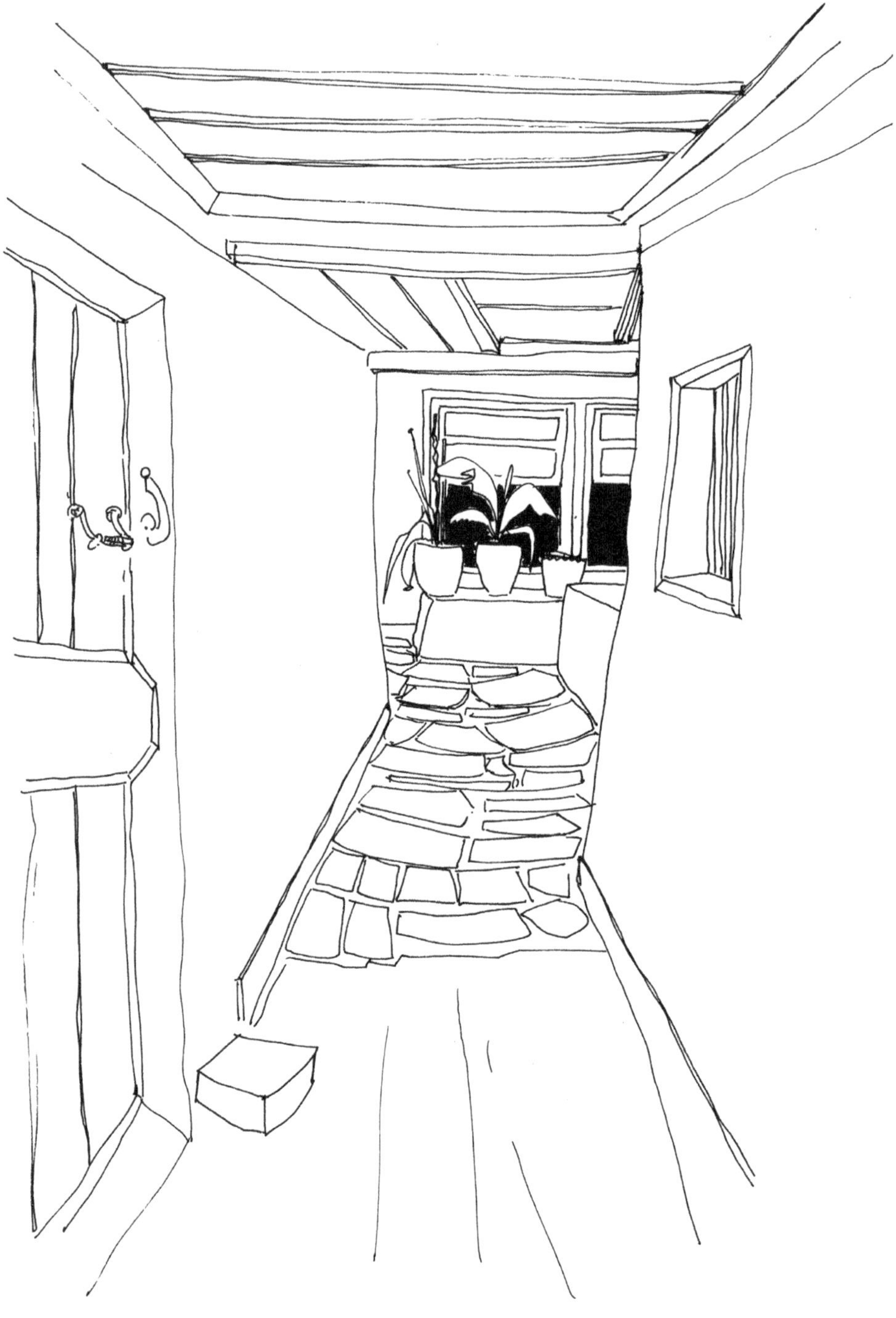

Ciudad alta de Salónica 1966

3

Construcciones de piedra: pericia y obra de los maestros albañiles

El Mediterráneo está construido con piedras, ladrillos de barro cocido, más tarde también con madera y hierro, aunque prevalece la «conciencia de la tierra pedregosa», como dice el político y escritor Manolis Glesos para describir las Cícladas. En las secas y poco boscosas costas del Mediterráneo, la preciada madera rectilínea venía de fuera; las construcciones humildes utilizaban maderos retorcidos del lugar, «culebras» los llamábamos en Naxos. Los volcanes mediterráneos suministraban la milagrosa puzolana que hizo posible las cúpulas de los romanos y las construcciones abovedadas de la arquitectura popular en las islas volcánicas. Allí donde no hay nada de lo anterior, como en algunas zonas de Túnez y de Marruecos, se construye con ladrillos cuidadosamente prensados y horneados al sol. En las décadas de 1950 y 1960, cuando el uso del hormigón empezó a extenderse en la arquitectura anónima, esta siguió las formas de las construcciones tradicionales de piedra, con resultados sencillos y austeros que sorprenden gratamente.

Pero no todo el mundo sabía antiguamente domar la piedra: extraerla, tallarla, construir con ella. Para las grandes obras privadas y comunitarias, hacían falta cuadrillas de albañiles especializados. Como las descritas por Aryiris Petronotis —de la Asociación de Amigos de la Arquitectura Tradicional de Arcadia «Anci tis Petras», conocido también como Mastraryiris— cuando habla del pueblo arcadio de Langadia, cuyos artesanos constructores eran famosos ya en el siglo XIII, o de los llamados Mastrojoria (pueblos de albañiles) de Epiro, por ejemplo Supani (actual Pendálofos); estos maestros albañiles recorrían toda Grecia con su particular jerga, denominada cudaréica. La Atenas del siglo XIX también fue levantada por canteros y yeseros de las Cícladas.

Balcones de madera o hierro cerrados por exquisitas estructuras de vidrio, sobre todo en las esquinas de los edificios. Algo a medio camino entre un palco cerrado y un invernadero, en muchas variaciones y estilos.

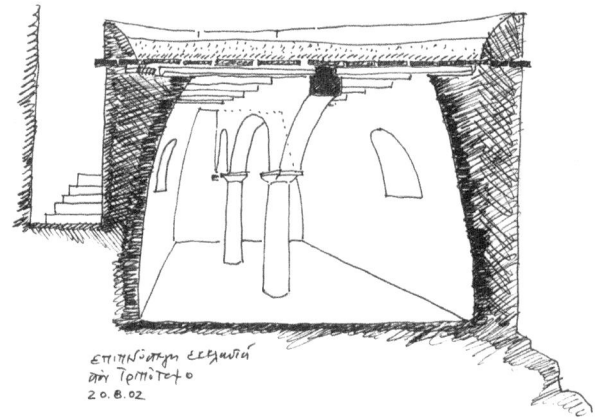

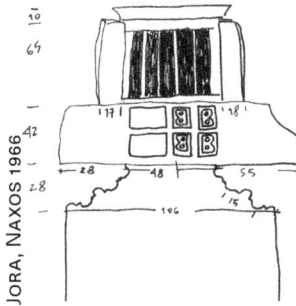

JORA, NAXOS 1966

Para almacenar un bien tan preciado como el agua, en los lugares secos, además de los aljibes para uso común bajo las plazas, se construían cisternas estancas debajo de los edificios de piedra o ladrillo. Estas recogían el agua de las azoteas, que cuando eran de tierra y se encontraban cerca de restos antiguos se nivelaban una vez al año usando un fragmento cilíndrico de columna. El uso de restos antiguos, a menudo arrancados por la fuerza, no se limitaba a fragmentos pequeños. Para las generaciones posteriores, fueron una reserva de materiales de construcción ya labrados. Los encontramos en cimientos, dinteles, como piedras angulares, como pilares en sótanos de casas señoriales o en columnatas de iglesias, así como encontramos estatuas y relieves como decoración empotrada. De los edificios de piedra añosos, me conmueve la forma en que envejecen sin miedo a las adversidades del tiempo. Su deterioro irradia venerabilidad y quizá es por eso que al final se convierten en «hermosas ruinas», en sentido literal y no figurado, como dice el poeta Odiseas Elitis.

Los vanos en los edificios de piedra eran por lo general pequeños, aunque no tardara en ampliarlos la técnica del arco. Con todo, dominaba la dimensión vertical. El tipo y el ritmo de los vanos, junto con otros elementos constructivos, dan a las fachadas unas proporciones que el ojo no puede resistirse a medir —a, a/2, a/3, a/5...—, no sea que oculten una sección áurea. Conocemos por los planos renacentistas de iglesias y palacios la importancia que daban los arquitectos de la época a las proporciones. Pero no me atraen solo las de los edificios importantes; ya las hemos visto en los libros. También presto atención a las construcciones anónimas, encuentro en ellas el mismo placer que busco, pero con menos florituras y con materiales más humildes.

«Las piedras sugieren otro sentido del tiempo», escribe John Berger[11] en un texto sobre Antonio Gramsci. Berger sostiene que el antidogmatismo del gran intelectual comunista italiano se debía al conocimiento, a la paciencia y a la perseverancia, rasgos que tienen su origen en la coexistencia con las piedras de Cerdeña. El pequeño pueblo de Ghilarza, en el centro de la isla, donde Gramsci pasó su infancia, estaba rodeado de terrenos áridos y llenos de piedras. Con el fin de liberar la escasa tierra para los cultivos, los lugareños las apilaban o hacían con ellas cercas sinuosas de piedra seca, consabido elemento lineal del paisaje mediterráneo. También eran de piedra los *nuragas,* estructuras de planta circular (algunas megalíticas) para su uso como establos, almacenes o alojamiento tempo-

11. John Berger: «How to live with stones», en Michael Ekers, Gillian Hart, Stefan Kipfer, Alex Loftus (eds.), *Gramsci. Space, Nature, Politics,* Oxford: Willey-Blackwell, 2013, 6-11.

ral, y los *mitatos* de Creta y las Cícladas. Y, por supuesto, la piedras eran el material de todas las construcciones de la ciudad: requieren conocimiento, pericia y paciencia, ellas son las que te guían. Un conocimiento práctico de supervivencia surgido de la escasez de recursos de un entorno yermo que marcó el temperamento y la obra del gran italiano.

Textura y proporciones de cerca

La obra del artesano constructor no solo nos habla de su pericia y del esfuerzo impreso en ella. También nos ofrece el deleite del resultado y suscita preguntas sobre las proporciones, la textura y las elecciones de los elementos esculpidos, la factura de los entramados o las uniones de los barrotes en la rejería. Produce gozo tocar, acariciar, palpar, los cálidos mármoles tallados, las curvas de los pasamanos de obra. Te paras sobre la escalinata de mármol del ayuntamiento de Ermúpoli y observas la suavidad de los peldaños y el desgaste de los largos años de uso, te imaginas a quienes los subieron antes que tú por el camino más corto. Te embelesas con los dinteles tallados, los remates de los escalones (en algunos adviertes nombres grabados, fechas o juegos de tres en raya), los detalles en madera o metal de los artesanos catalanes que trabajaban para Gaudí o las celosías de madera con incrustaciones de marfil de los carpinteros egipcios y marroquíes.

Y te preguntas: ¿Cómo se le ocurriría al artesano? ¿Cuántas horas le llevó hacerlo? ¿Qué le dijeron cuando lo acabó? ¿Cuánto saber no escrito hay detrás de la extracción, del desbaste, de la construcción y del labrado último de la piedra? ¿Cómo se pudo domeñar la veta de la madera, cómo adquirieron su ondulación las refinadas rejas de los montantes que se ven sobre las puertas de Ermúpoli? ¿Habrá en todo ello, aparte de trabajo, una especie de gesto del artesano-creador hacia el espacio público, «algo útil a la vez que hermoso»? Preguntas sin respuesta. Pero el resultado perdura y demanda nuestra atención, no solo cuando se trata de una exquisita construcción de mármol de una casa señorial, sino también cuando es un humilde dintel, las proporciones de una fuente arcadia o de una chimenea de barro, el rodapié curvo que se ciñe a la pared de una escalera de caracol, el jambaje de mármol de una ventana en una casa popular, los canales de obra que vierten el agua de lluvia en cisternas en la isla de Escópelos. Incluso las proporciones minimalistas del núcleo de construcciones ilegales del suburbio salonicense de Me-

78

CASA BATLLÓ, BARCELONA 2002

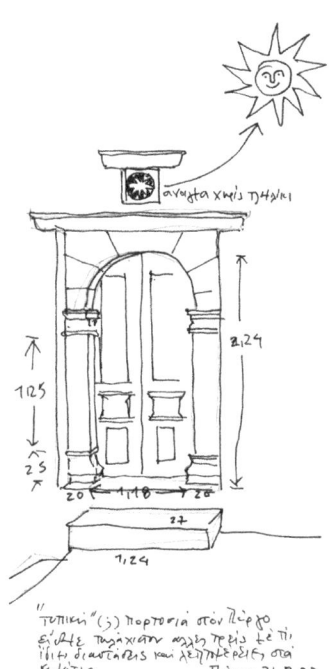

Pirgos, Tenos 2002

téora se ajustaban a la definición estadística de *vivienda* para evitar ser demolidas: planta de al menos 4x4 metros, altura de 2,5, una puerta, una ventana y un habitante, por lo general una abuela traída expresamente desde el pueblo, puesto que por el día los adultos trabajaban cerca del centro de la ciudad.

Cuando el artesano constructor va a descansar a su morada postrera, sus compañeros de oficio graban en la austera lápida, junto al nombre, sus herramientas de trabajo (compás, escuadra, maza, puntero), como humilde recuerdo de su tarea, como en el cementerio de la localidad de Pirgos, en Tenos. Imágenes en las que el componente de clase contrasta fuertemente con el museo al aire libre que constituyen las tumbas de los burgueses de Ermúpoli, en la isla de enfrente, donde los magníficos monumentos funerarios son obra de los tallistas que descansan en Pirgos.

Si de lo anterior pudiera brotar una nostalgia de observador actual o una lectura complaciente de lo antiguo, insisto una vez más en que no ignoro la dura realidad de los habitantes pobres de la época, como la de quienes vivían en construcciones excavadas en la roca. En la obra de Carlo Levi, médico, luchador antifascista y pintor autodidacta, exiliado por Mussolini en el Mezzogiorno, se describen así las casas cuevas y la vida cotidiana en Aliano y Matera en 1935:

79

> Esos conos vueltos, esos embudos se llaman *Sassi*. [...]. Tienen la forma con que nos imaginábamos en la escuela el infierno de Dante [...]. Sobre el suelo estaban echados los perros, las ovejas, las cabras, los cerdos. Cada familia, por lo general, dispone solo de una gruta por toda habitación y juntos duermen hombres, mujeres, niños y animales. Así viven veinte mil personas [...]. Estoy habituado por mi oficio a ver diariamente decenas de niños pobres, enfermos y mal cuidados. Pero un espectáculo como el de ayer no lo había siquiera imaginado. He visto niños sentados [...], con los ojos entrecerrados y los párpados rojos e inflamados; las moscas les paseaban por los ojos y ellos seguían inmóviles, no las alejaban siquiera con un movimiento de la mano. Las moscas les pasaban por los ojos y parecían no sentirlo. Era el tracoma[12].

12. Carlo Levi, *Cristo se detuvo en Éboli* (trad. de Enrique Pezzoni), Buenos Aires: Editorial Losada, S. A., 1951, 73-74.

Por más que Matera —el lugar donde Pasolini rodó *El Evangelio según San Mateo* en 1964— fuera declarado patrimonio mundial por la Unesco en 1993 y hoy atraiga a miles de visitantes, no deja de ser el símbolo de la pobreza y la desgracia del sur de Italia; la región fue calificada de «vergüenza nacional» en 1970. Este estigma llega como un eco a otros lugares del Mediterráneo de los que disfrutamos hoy.

80

ANNO

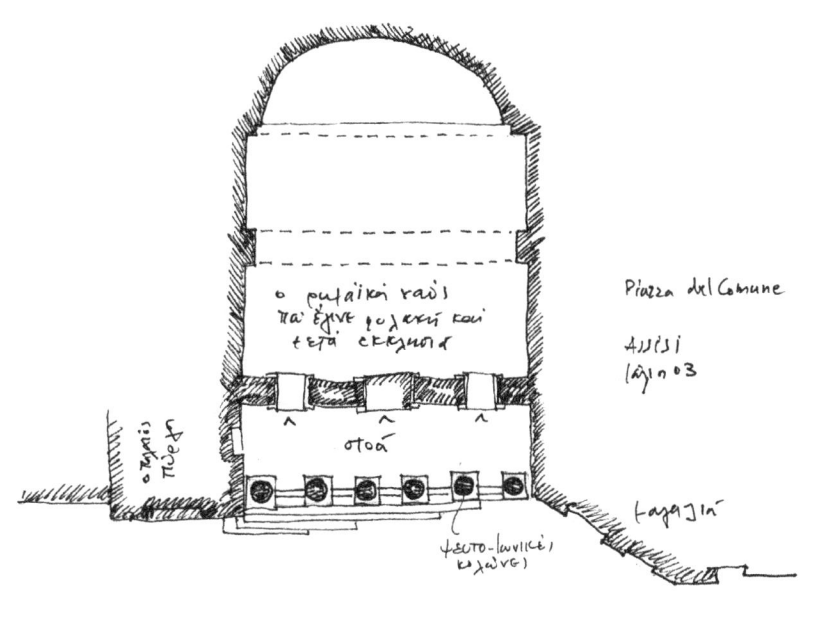

Piazza del Comune

A$$I$I
Ιούλιος 03

ο ρωμαϊκός ναός
που έγινε ρολόι και
μετά εκκλησία

στοά

ο παλιός πύργος

ψευτο-ιωνικοί κολώνες

Lagazin

81

Ο ρωμαϊκός ναός ενσωματωμένη
στη Piazza del Comune
Ιούλιος 2003   ASSISI

82

Salone "500"
Palazzo Vecchio 2010

Cattedrale 21/10/10

83

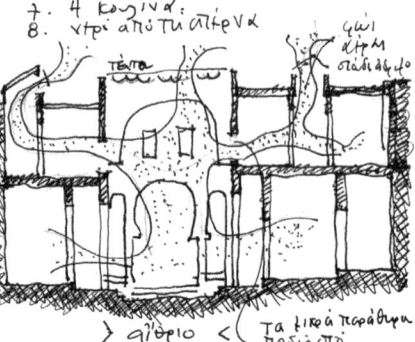

Το παλαιό σπίτι — Εσωτατόριο
Medina - Rabat 20.4.04 / 2.5.04

1 Είσοδος και άνοδος στον όροφο.
2 Διάδρομος - Κίνηση γύρω από το αίθριο
3 Αίθριο που είχε κλειστεί με ανυψωμένη οροφή
4 Δωμάτια χωρίς παράθυρο: φως και αερισμό μέσω διαδρόμου - αίθριου
5 Μικρός χώρος πριν εσωτ. αυλή
6. Εσωτερική αυλή με περίπατο
7. 4 κουζίνα
8. ντρι από τη σιτέρνα

Όπως το ξέρουμε από τη βιβλιογραφία το σπίτι κλειστό στο δρόμο, ολόκληρο, στραμμένο στην εσωτερική αυλή που λειτουργεί κοινωνικά (οι συναντήσεις), λειτουργικά (κατανομή δωματίων), οικολογικά (φως, αερισμό, δροσιά)

(σπίτια από τύπους στη φραντσάικα στη Cassablanca) συμβόλιμο

αίθριο — εσωτερική αυλή / Τα μικρά παράθυρα ποδιά στο πάτωμα

στέγη
a/8 σπίτι
↑
a κορμή τετράγωνα χωριστ πάθριο
↓
a/2.5 ζώνη σύνδεσης (σοβάς πιο έξω)

προεκτάση στέγη το γείσο που δείχνει το τέλος του κτιρίου πριν τον ουρανό

Trento: γωνιές κτιρίων τι RAVENSTEIN - 18 - 1901.
15.4.97.

84

RABAT 2004

TRENTO 1997

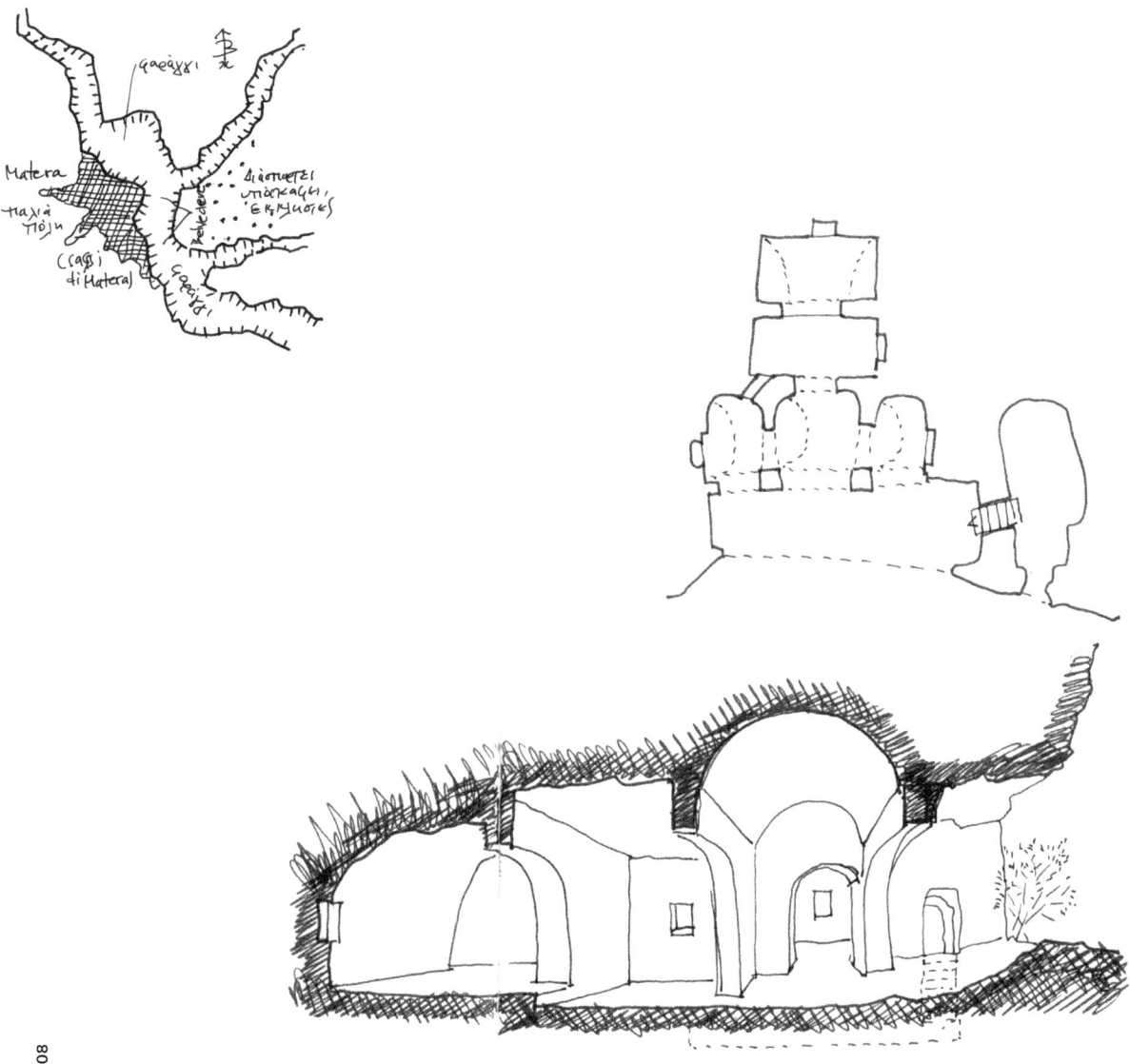

85

s. Pietro in Principibus
Chiese Rupestri del Materano
26.10.08

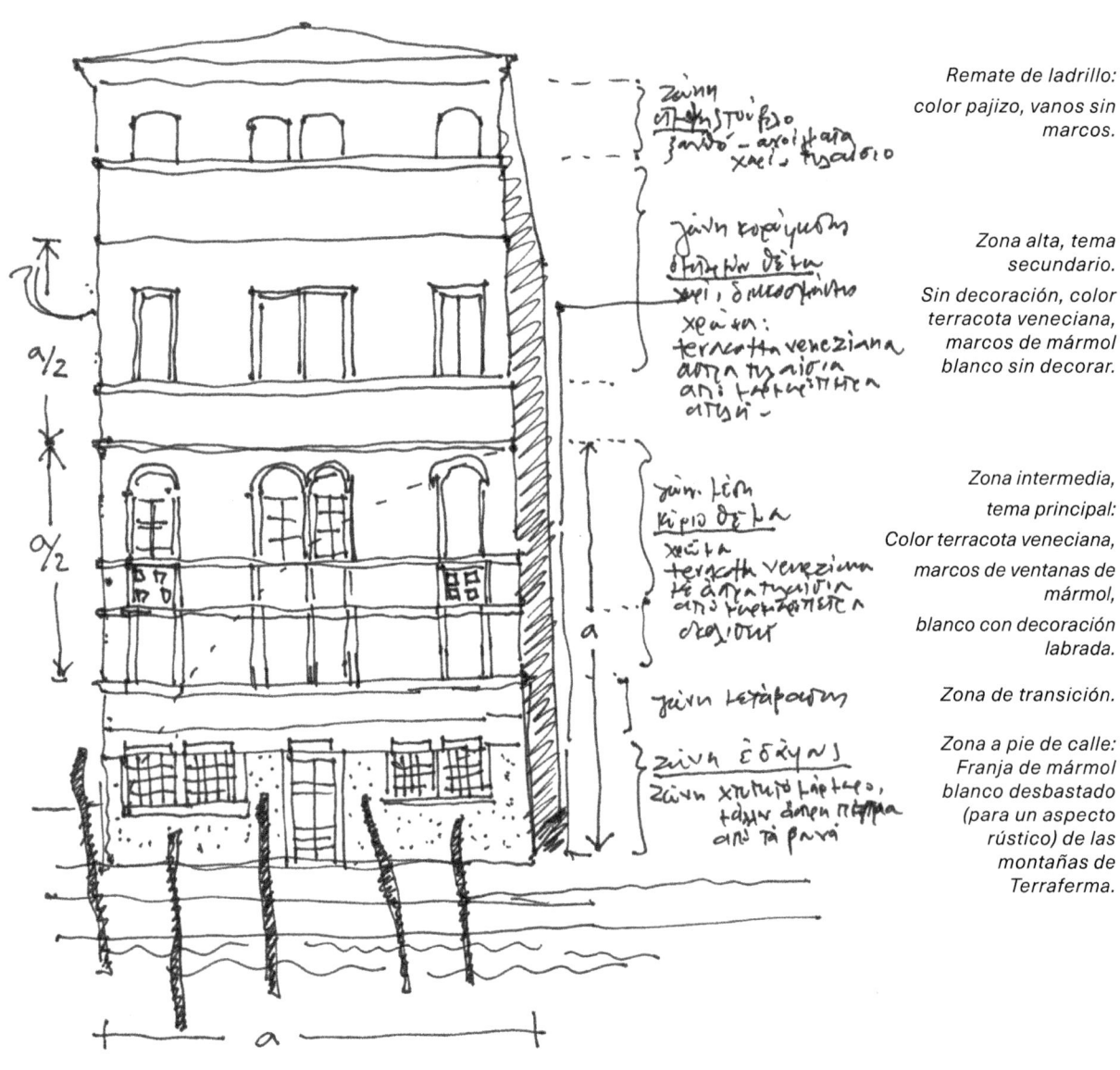

86

Remate de ladrillo:
color pajizo, vanos sin
marcos.

Zona alta, tema
secundario.
Sin decoración, color
terracota veneciana,
marcos de mármol
blanco sin decorar.

Zona intermedia,
tema principal:
Color terracota veneciana,
marcos de ventanas de
mármol,
blanco con decoración
labrada.

Zona de transición.

Zona a pie de calle:
Franja de mármol
blanco desbastado
(para un aspecto
rústico) de las
montañas de
Terraferma.

*Edificio frente
a la estación,
esperando el
tren a Trento.*

VENECIA 1997

87

προούλικες της Αγιάς Σοφιάς
Κωνσταντινούπολη 17.9.08
Cafe Sebil.

44.02 ἀπὸ τὸν
"διόνυσο"

88

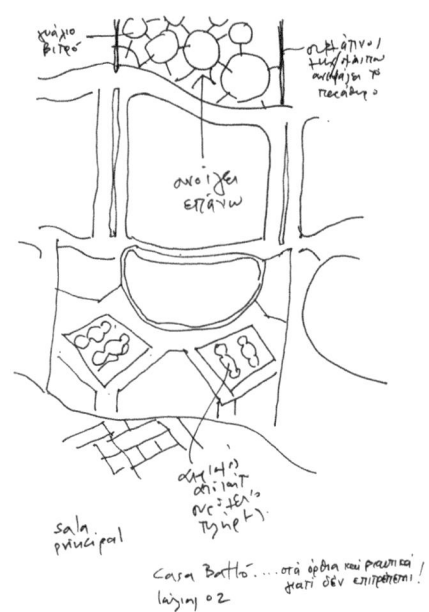

sala
principal

Casa Battló... στὰ ὄρθια καὶ ριωπικά!
γιατί δὲν ἐπιτρέπεται!
λούσιη 02

1975

89

90

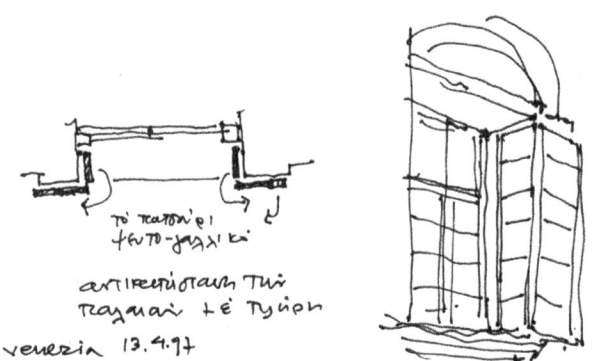

Τὸ πατώρι εἶναι πάντα πιὸ ἔξω ἀπὸ τὸν τοῖχο.

κανονιστὰ ποζτοδυτικὴ γιὰ τὰ πατώρια. Νὰ κάτι
πω ἐμπορεῖ νὰ ρίνει καὶ στὴ ζύρο

· Στὸ Τερβυτο ἀκόμα καὶ κάτι ἱμὶ ν' ἀρφαφει
ἔχη φυλάκιον   5 χρόνια χωρὶς ἀναπλωρυ.

92

Επίδαυ? .... γιὰ πολλονς
area τὲ τῆ Νῖνα+Doreen
23.4.05   +γκαρνΒριοσβετ
.... ἡ γοιτεία τῶν αναγμῶν

Επίδαυρος
13.10.02

94

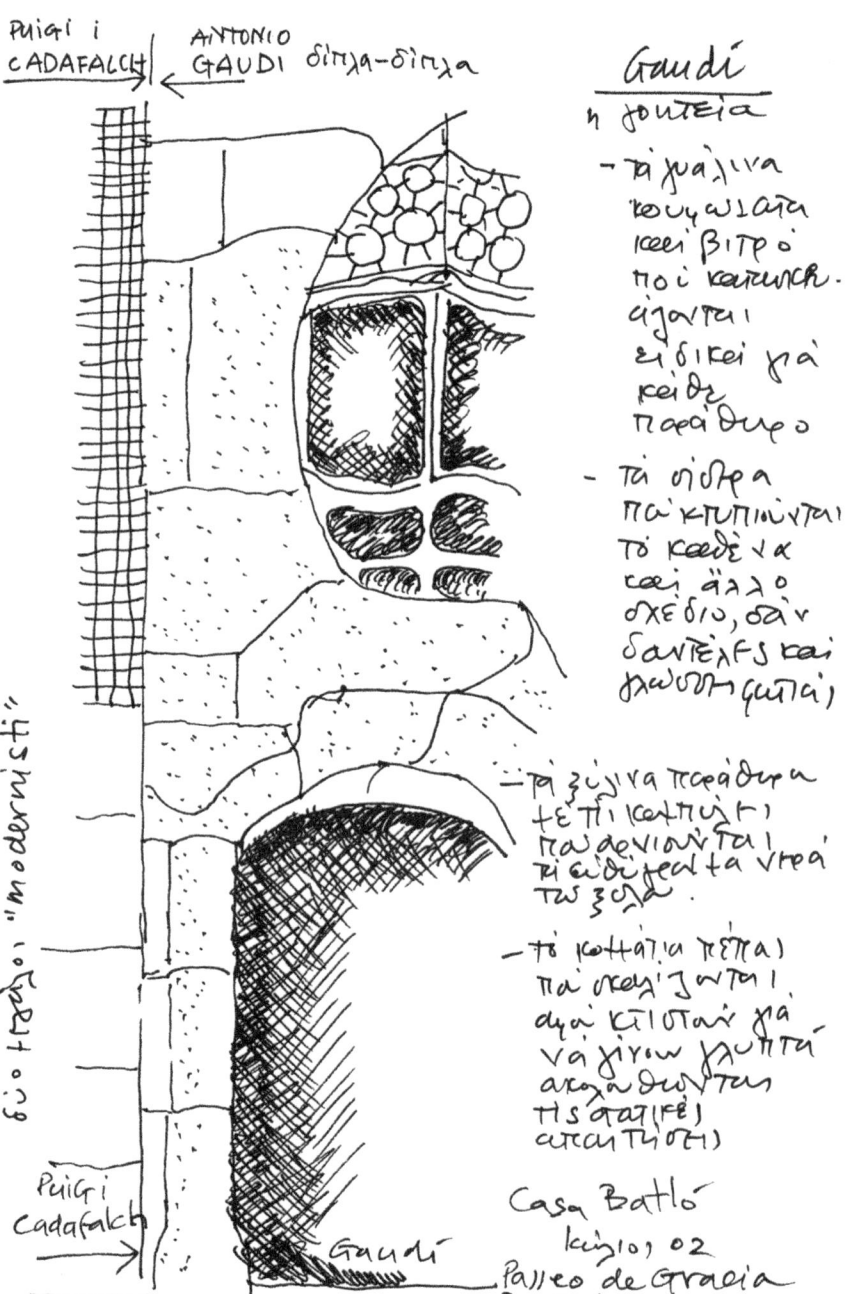

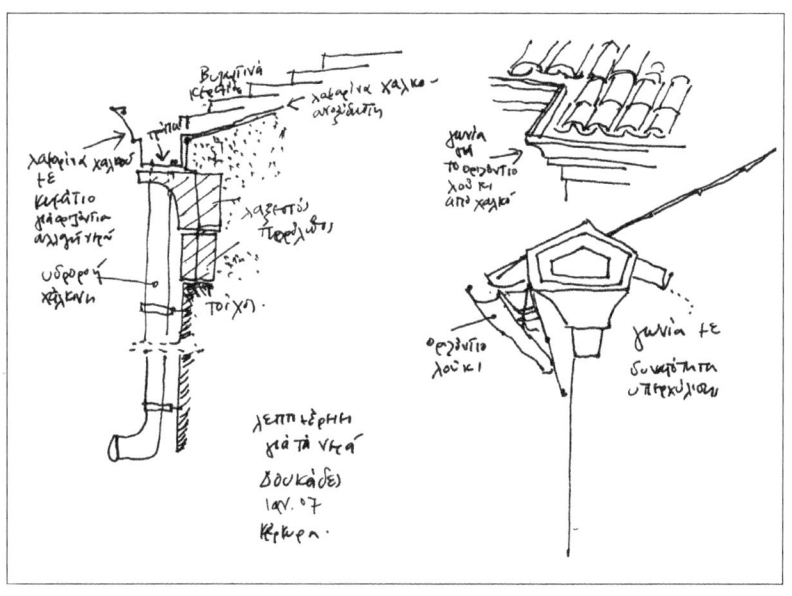

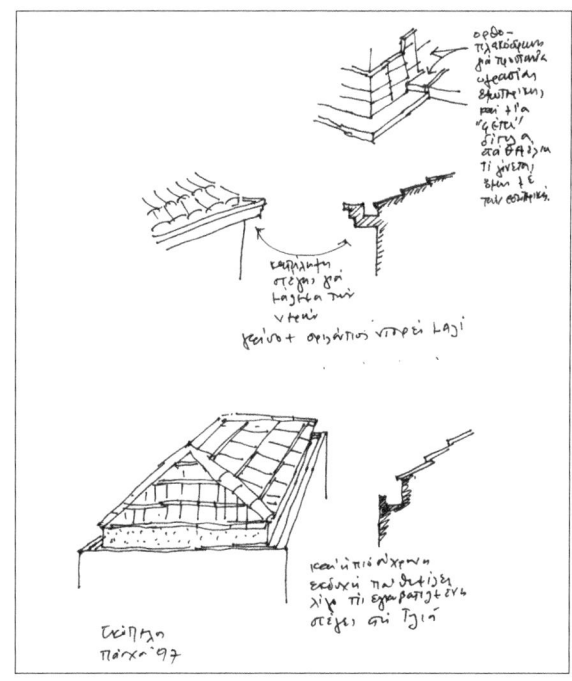

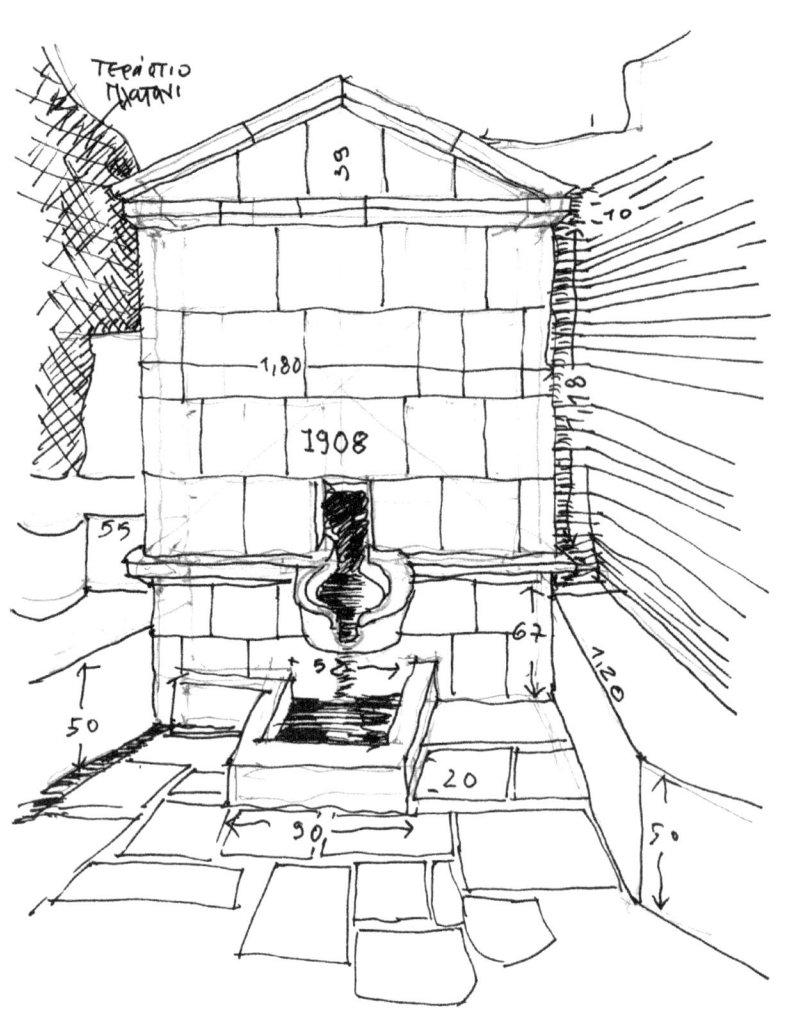

96

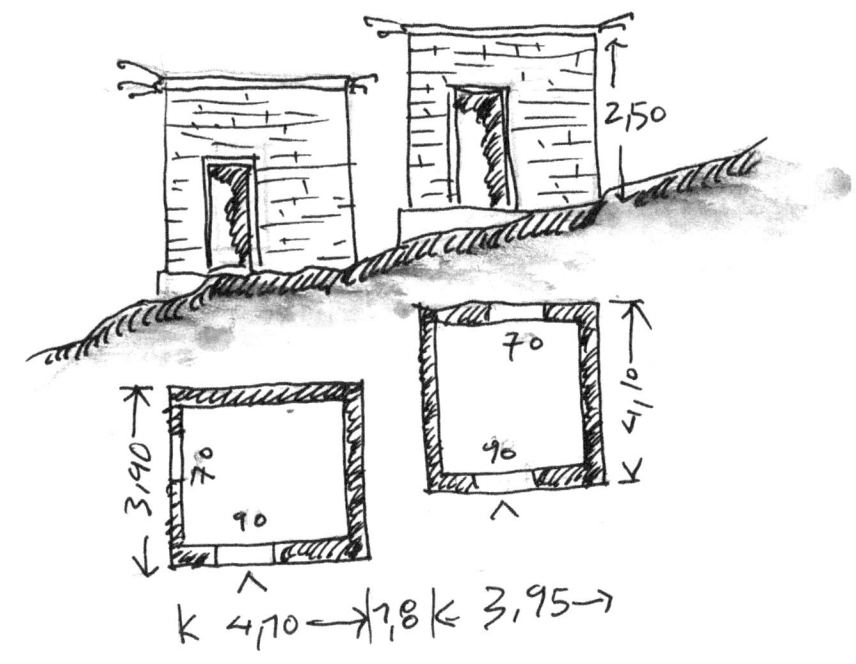

I sassi di Matera

98

Σκαψίμωντας τω παλαιά βράχια
απο "τόφους"(*) και χρησιτοποιώντας
υπάρχουσει σημείσ, τα κτίσματα αναπτύσονται
αμφιθεατρικά ως υπόσκαφα, με νότιο
προσανατολισμό. Το λιγοστό πλωσιμο νερό
της βροχής συγκεντράνεται σε στέρνες που
συλλέγουν νερό και απο τη φυσική
υγροποίησιν τω υδρατμών.

(*) υλαιστεταιο πέτρωμα
αδιαπέρατο απο νερό –
τω οπως δεργάζεται εύκολα

(Με τη βοήδεικα τω βιβλίου
"Giardini di pietra – I sassi di Matera)
29.10.08

Το κτίστιμο τω όψεων καιοι επεκτάσεις
απο τα υπόσκαφα με "πουριά", με
πωρόλιδους που εχουν μεγαλύττην αντοχή.

I sassi di Matera, 24.10.08
En Matera, al sur de Italia,
excavan la toba (roca volcánica
fácil de trabajar e impermeable
al agua) para construir casas,
almacenes e iglesias. Las
construcciones han proliferado
en forma de anfiteatro orienta-
das hacia el sur en busca de luz
solar. La escasa agua de lluvia
se recoge en cisternas y en el
interior de las construcciones
se recoge agua procedente de
la licuación natural del vapor
de agua. Para las fachadas, se
extrae de las mismas rocas una
caliza porosa.
(Con la ayuda del libro Giardini
di Petra: I Sassi di Matera e la
civiltà mediterranea.)

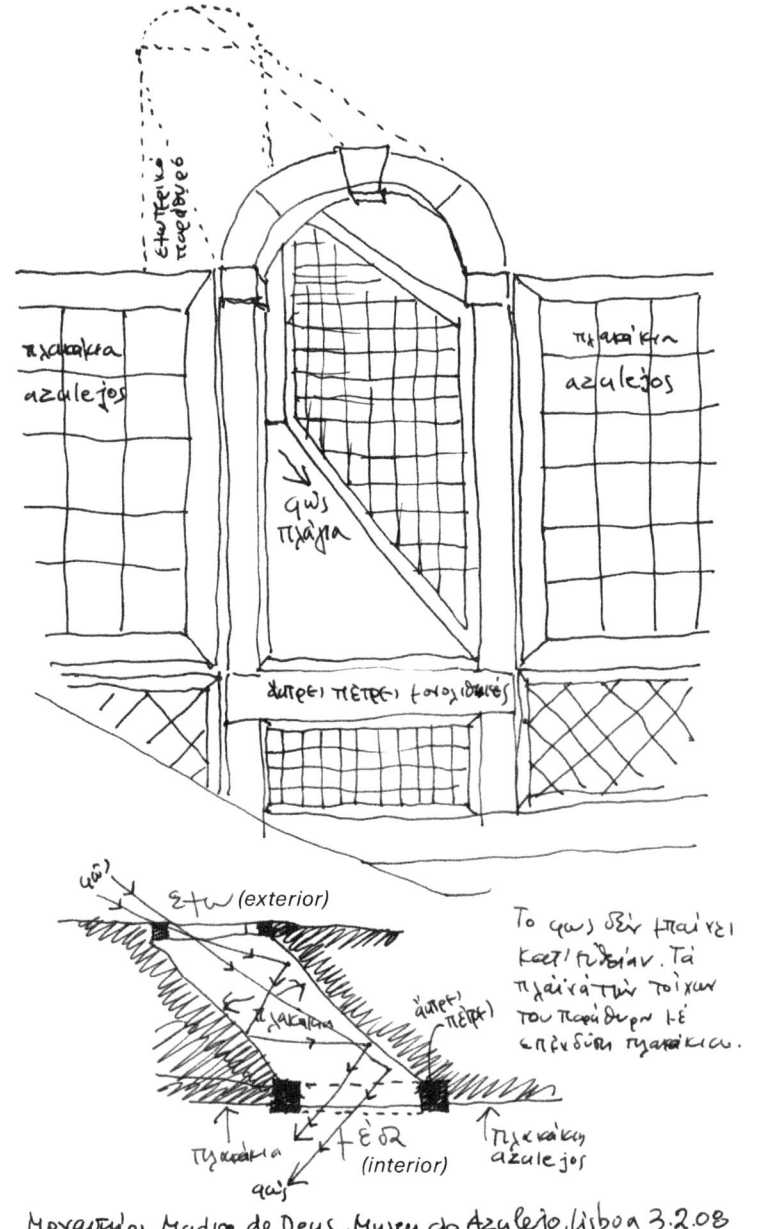

99

πλακάκια
azulejos

πλακάκια
azulejos

εξωτερικό
πρόσοψη

φως
πλάγια

άμπει πέτρει φωτοσβεστός

(exterior) Εξω

Το φως δεν παίζει
κατ'ευθείαν. Τα
πλάϊα'τών τοίχων
του παράθυρο τέ
επενδύση πλακάκια.

πλακάκια

άμπει
πέτρει

πλακάκια
φως

Εσω
(interior)

πλακάκια
azulejos

Μοναστήρι Μadre de Deus, Museu do Azulejo, Lisboa 3.2.08

La iluminación no es directa. La luz se refleja en las paredes interiores de la ventana, revestidas de azulejos.

Monasterio Madre de Deus, Museu Nacional do Azulejo.

Μέσα από
τα τζαμένια
παράθυρα
της καφετέριας
βρυχται ήξερα
2.1.2019
Οι φωτογράφεις
των τουριστικών
οδηγών
φροντίζουν να
κρύβουν τα
νέα κτίρια
ιστορία που τη
συνούφιου.

Η κρήνη Rimondi στο Ρέθυμνο
πνιγμένα στις καταστευές του 1960-70 με
ισορρεμένες δεσμώς) Η κρήσιμα που το θέρου ρουζίνη

100

Ναύπλιο - οι φυλακές
14.10.02 και η βουλή

101

Meknès – Madrash   1.5.04
η γωνία των αιθρίων.

Η Αγιά Σοφιά
...μέσα απ' αυτό αυδαιρέτων
Γε'εκείνο το πλείεφο συναίσθημα
Πόλη 18.9.08

4

Ciudades y pueblos

«Campesino por necesidad, pero campesino a su pesar, el hombre del Mediterráneo vive como citadino», escribe Maurice Aymard[13]. En el Mediterráneo, las ciudades son anteriores al poblamiento del campo; nunca se dio el esquema descrito por Marx y más tarde por Weber según el cual el excedente agrícola se concentra inicialmente en los pueblos, que se convierten de manera orgánica en ciudades, y se da una división social y espacial del trabajo; la nobleza, los burgueses y los artesanos organizados en gremios viven en ciudades, mientras que en los pueblos solo viven campesinos. Al contrario, en el Mediterráneo medieval todo el mundo vivía en ciudades fortificadas grandes o pequeñas, por la mañana salían de ellas hacia el campo y al anochecer volvían. Donde se acumulaba el excedente agrícola era en las ciudades y el poblamiento del campo fue posterior al proceso de urbanización. Por lo tanto, no tiene validez como ley general la oposición campo ciudad que Marx desarrolla cuando habla del centro y el norte de Europa e Inglaterra en *La ideología alemana* y en la introducción de los *Grundrisse,* oposición que a partir del siglo XVI se ve perturbada por los cercamientos, con la consiguiente destrucción de los pueblos y la creación de proletarios en las ciudades para la Revolución industrial. Las descripciones mencionadas se refieren a la historia de formaciones sociales concretas y no pueden reducirse a la categoría de ley universal. El Mediterráneo produce su propia teoría de las ciudades.

13. Maurice Aymard: «Espacios», en Fernand Braudel, *El mediterráneo: el espacio y la historia* (trad. de Francisco González Aramburo), México, D. F.: Fondo de Cultura Económica, 1989, 147.

104

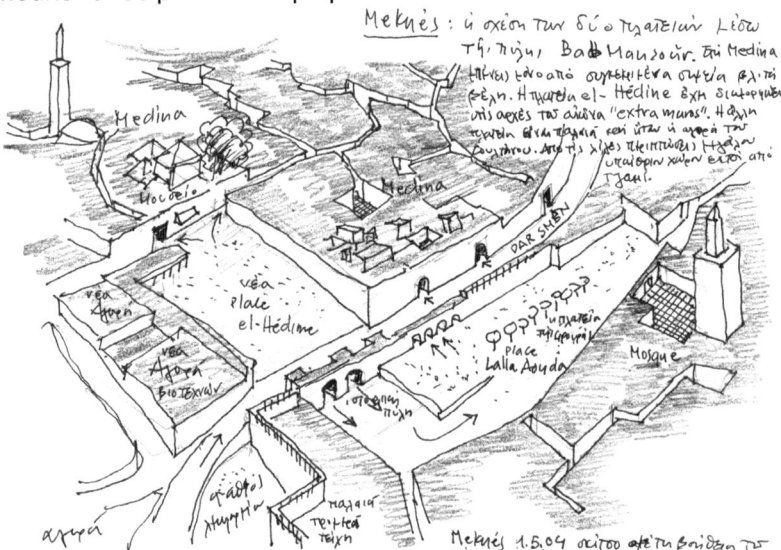

14. Jacques Ancel: *Peuples et nations des Balkans,* Paris: Librairie Arnold Colin, 1926.

Entre los muchos mitos sobre las pequeñas «ciudades-pueblo» del Mediterráneo, como las llama el geógrafo francés Jacques Ancel[14], está el de su creación por la espontaneidad y el ingenio de los artesanos populares. Sin restar un ápice de importancia a estas valiosas cualidades, debo señalar que tras el desarrollo orgánico de estos pequeños asentamientos vinieron unas tempranas reformas del espacio. Quiero recordar aquí las sugerencias de Alberti mencionadas en el primer capítulo, la existencia de normas de construcción en el Medievo oriental y occidental y la consolidación de estas durante el dominio veneciano de la Grecia costera e insular. Dichas reformas consistieron en una combinación de normas consuetudinarias y regulaciones institucionales sobre cuestiones como la construcción defensiva y el uso de vanos pequeños en las casas que se encontraban en el perímetro del asentamiento y conformaban su muralla, el permiso para construir algorfas, el derecho a las vistas y a la iluminación natural, el derecho a levantar una segunda planta de la propia casa o a utilizar la azotea del propio edificio, etcétera. En las ciudades más grandes, ya desde el siglo XIV, los arquitectos eran responsables del diseño de los grandes edificios y espacios públicos, al igual que los ingenieros militares lo eran de las fortificaciones y las infraestructuras. Hoy admiramos los castillos medievales fortificados de Rodas y Carcasona, las murallas bizantinas de Salónica y Estambul, pero olvidamos las historias sangrientas, los asesinatos y las intrigas que se esconden tras las imponentes defensas.

Pequeñas y grandes, las ciudades necesitaban fortificación y agua. Se desarrollaron por medio de adiciones, incorporando y transformando edificios griegos antiguos o romanos en iglesias cristianas, como sucedió con la iglesia de Episcopí en la isla de Sícinos o con el templo romano de la piazza del Comune de Asís. También se incorporaron otras grandes construcciones como los anfiteatros romanos, cuyas plantas ovaladas se siguen distinguiendo hoy en el tejido de ciudades como Lucca o Florencia. En otras ciudades, grandes palacios, como el de Diocleciano en Split, fueron cubiertos por construcciones posteriores y se integraron sin cambios en la estructura de la ciudad. ¿Acaso la plaza Ippodromiou de Salónica no hace referencia como forma, nombre y ubicación al hipódromo romano sito en el mismo lugar?

Sin la navegación y las vías fluviales, las ciudades mediterráneas que hoy admiramos no existirían. Por eso la náutica, la tecnología naval, los astrolabios, la brújula, la cartografía y los primeros portulanos fueron saberes y tecnologías de importancia estratégica y siempre estuvieron bajo el control exclusivo de la nobleza y de la burguesía. La competencia temprana entre ciudades por dominar el comercio mediterráneo produjo grandes conflictos y las diferencias se resolvían mediante la violencia —¿dónde si no?— en el mar.

El Mediterráneo —o más propiamente, los «diversos Mediterráneos»— es ante todo un mar, pero un mar distinto de los demás porque engendra y nutre a sus ciudades de tal modo que estas no se parecen entre sí y al mismo tiempo tienen muchas características comunes. Hay ciudades de costa y ciudades de interior, algunas importantes puertos, otras destruidas por la actual invasión turística, otras convertidas en museos. Las que han sobrevivido hasta hoy, incluidas las más pequeñas, tienen un aire urbano y cosmopolita fruto de migraciones y de las mercancías, riquezas y costumbres extranjeras introducidas en ellas por marineros y comerciantes trotamundos. Vilma Hastaoglou[15] escribe que la historia de las ciudades mediterráneas es la historia de las migraciones. Escuchar idiomas extraños, usar monedas extranjeras, encontrarse con gente foránea, sus religiones y vestimentas, pero también con enfermedades venidas de muy lejos (pensemos en la construcción de edificios para cuarentenar, los lazaretos de los puertos importantes), fueron y siguen siendo rasgos fundamentales de la urbanidad mediterránea. Las ciudades costeras resultan muy diferentes dependiendo de si se llega a ellas por mar o por tierra. Lo mismo ocurre a quienes esperan la llegada de alguien. Rara vez se espera la llegada de un coche. Sin embargo, el barco es distinto: se puede ver haciéndose grande en el horizonte; la llegada ha sido preparada por la vista.

La excepción mediterránea de Ermúpoli

Mucho se ha escrito sobre Ermúpoli, pero nadie lo ha hecho mejor que Christina Agriantoni. Una ciudad industrial nació en el siglo XIX —tras la destrucción de Quíos y Psará— en Siros, isla neutral durante la Revolución griega de 1821. Su potencial residía en su gran puerto natural, su posición geoestratégica en el corazón del

15. Vilma Hastaoglou [Βίλμα Χαστάογλου]: «Πόλεις και οικιστικό δίκτυο της Μεσογείου» (Ciudades y red de asentamientos del Mediterráneo), en Michalis Modinos [Μιχάλης Μοδινός] (ed.), *Η οικογεωγραφία της Μεσογείου* (*Ecogeografía del Mediterráneo*), Atenas: Stochastis, 2001, 61-92.

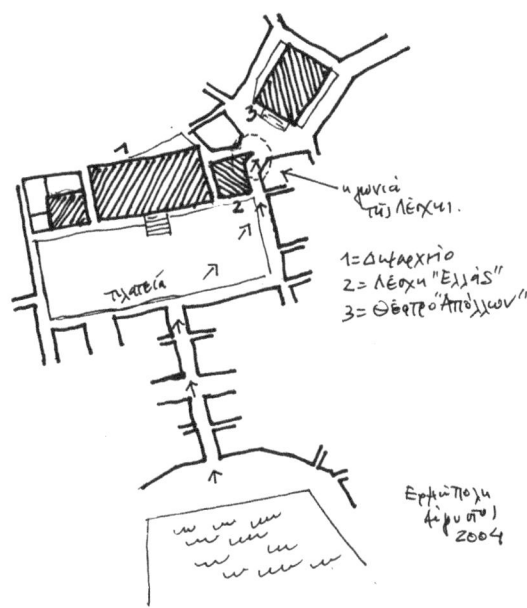

107

Egeo, el espíritu emprendedor, el capital y los contactos internacionales de los burgueses que se refugiaron en ella, así como en
su experta e inicialmente barata mano de obra, también venida de
fuera. Ciudad industrial y plataforma de exportaciones en una isla
muy pequeña pero que al mismo tiempo era estación de los telé-
grafos ingleses de época Imperial, sin territorio interior ni materias
primas, era un lugar como pocos en el Mediterráneo.

Volviendo a la ejemplar guía de la ciudad escrita por Christina
Agriantoni y Aggeliki Fenerli[16], me detengo en el plano de la ciudad
diseñado por Wilhelm von Weiler en 1837 y en sus numerosas mo-
dificaciones. El monumental eje principal de la antigua calle Ermou
—ahora Eleftheriou Venizelou— sale del puerto y desemboca en
la gran plaza Miaouli realzando la magnificencia del ayuntamiento,
diseñado por Ernst Ziller. A su derecha, se alza el Club Hélade, antiguo lugar de encuentro de la burguesía local y hoy centro cultural
municipal, y a su izquierda la antigua residencia Ladopulu, que hoy
alberga el Archivo General de la Prefectura de las Cícladas. Completan la plaza otros edificios perimetrales con usos mixtos y soportales en la planta baja. Quizás la plaza más hermosa de Grecia, en
verano se convierte tras caer la tarde en un ideal, bullicioso, inmen-
so, parque infantil.

16. Christina Agriantoni y
Aggeliki Fenerli: *Ermoupoli-
Syros: A historical tour* (trad.
de Geoffrey Cox y John
Solman), Atenas: Olkos, 1999.

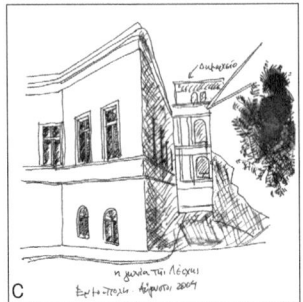

La ruta que va del puerto, a la antigua calle Ermou, a la plaza Miaouli, al ayuntamiento y al Club Hélade continúa cuesta arriba por la esquina superior derecha de la plaza (A) hasta que, de repente, antes de que aparezca de frente la austera fachada del Teatro Apolon (B), una esquina del club (C) sobresale en un extraño ángulo agudo. Desde mis primeras visitas a Ermúpoli, soy incapaz de sacarme de la cabeza la pregunta: ¿por qué esa esquina? En el plano, no ofrece ninguna utilidad funcional, como se desprende del diseño original, pero también de las intervenciones recientes. Además, en esta área en particular, según los planos originales de Weiler, esta esquina no figura en las líneas límites de edificación.

Planteo, pues, la siguiente hipótesis: siendo la misma persona el arquitecto del club y el del teatro (1862-1864) —el italiano Pietro Sambo—, es posible que, por su origen y por su formación durante una época en la que imperaban los principios del urbanismo renacentista y barroco, la tradición del emplazamiento de edificios públicos en lugares prominentes y el concepto de conjunto planificado, quisiera jugar con la esquina del club. La intención sería acentuar el giro a la derecha y «señalar» al paseante que va cuesta arriba el otro edificio importante: el teatro. Esta hábil curva, truco clásico del diseño arquitectónico urbano, la encontramos en la mayoría de ciudades italianas históricas en las que se formó Sambo.

Y un apunte sobre Lisboa

Fernando Pessoa, en su guía *Lisboa: O Que o Turista deve Ver*[17], comienza la visita «donde para el transbordador». Sin embargo, en su recorrido pasa por alto media ciudad: los barrios de enfrente. Almada, Moita, Arrentela y Seixal —donde se construyeron las naves de Vasco da Gama— quedan detrás de donde para el transbordador,

17. Fernando Pessoa: *O que o Turista deve ver/What the Tourist should see,* Lisboa: Libros Horizonte, 2011 (1925).

† Η μίη πλατεία τη Rossio
από Santa Justa
ηο ΕΘΝΙΚΟ ΘΕΑΤΡΟ, η κολώνα
τ έ king Pedro και η εκκλησία;

lisboa 1.2.08

frente a la Lisboa conocida. Las descripciones de Pessoa se refieren sobre todo a los barrios y monumentos de las dos colinas, así como a la Baixa Pombalina, la zona reformada por el marqués de Pombal tras el desastroso terremoto y el gran incendio de 1755. Ignora también la vida social y cotidiana de la ciudad, destaca únicamente los monumentos y edificios símbolos del colonialismo. Para Pessoa, no existe la «otra» Lisboa y como excusa posible puedo aceptar que escribe para el turista y el visitante. Pero lo mismo ocurre con todos los mapas actuales y las guías del tipo «Lisboa según los lugareños». Esa «otra» ciudad no existe, aunque esté bien a la vista desde todas partes. Y lo que quizá es más importante: hasta 1993 los planes estratégicos y de ordenamiento también la ignoraban, a pesar de que entonces, como ahora, era una zona vibrante, con los porcentajes más altos de población joven y que nutría de mano de obra a la Lisboa «famosa».

Pero, ¿por qué el lugareño Pessoa omite la existencia de esa «otra» Lisboa? Confieso que sus escritos no me conmovieron en un principio, pero fui cambiando de opinión a partir de leer los análisis de Antonio Tabucchi, tan hermosamente traducidos al griego por Andeos Jrisostomidis para las atenienses Ediciones Agra. En ellos, no se refiere para nada la guía de Lisboa, probablemente por no considerarla una obra literaria. Pero sí habla Tabucchi de las demás composiciones del poeta y escritor de los muchos seudónimos y en ellas encuentra referencias solo a la Lisboa famosa. Aunque señala algo más, visible incluso para alguien no tan familiarizado con Pessoa como yo: la clara preferencia del poeta por el Portugal imperial

110

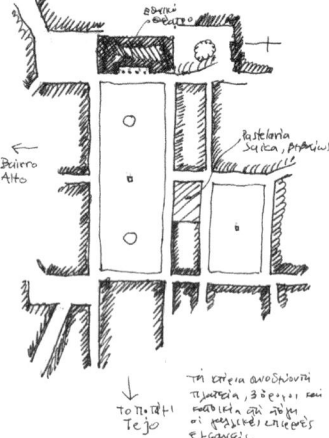

y su impronta en la ciudad. Hoy Pessoa está sentado en forma de estatua de bronce delante del histórico café A Brasileira, que frecuentaba y en el que fundó junto a algunos compañeros la revista *Orpheu,* partícipe de las vanguardias de la época. La sonrisa irónica modelada por el escultor parece burlarse de los turistas que se sientan a su lado para hacerse una foto. La mayoría de los visitantes comienzan o terminan su paseo en la gran praça do Comércio, que se abre al río Tajo antes de que este se encuentre con el Atlántico. Una plaza con vistas precisamente a esta ciudad ignorada, pese a estar conectada con ella por el gran puente colgante y los numerosos transbordadores. Si te encuentras en Lisboa, no dejes de visitar la «otra» ciudad de enfrente, no te defraudará.

112

Alfama y Largo das Portas do Sol, Lisboa, 2.2.08.
La vista hacia el río, hacia Santo Estêvão y hacia la
«otra» Lisboa, desconocida para los mapas y los visitan-
tes, pero también para muchos residentes.

Alfama
Largo das Portas
do Sol τἐ θἑα και τω πιεδ,
το ποταμι, την απἐναντι οχθη
ακτη (τον δημιατι μα τας χωρει-)
και τον Sto-Estevão. Lisboa 2.2.08

113

114

Alicante χ ϊávι
24.1.98.

Kabasakal Caddesi
φελτο Μηγè Τραti tE
Tul Knimon
Πόλη 20.9.08

116

Alberobello "I trulli"
29.10.08

οι "trulli" τω Alberobello
Ισεαπή τομή σε δυο δπηανι απιτια, μετη βρηδεπα τω βιβλιου
"Storia e destino dei "Trulli di Alberobello"
Alberobello + Matera 26.10.08

117

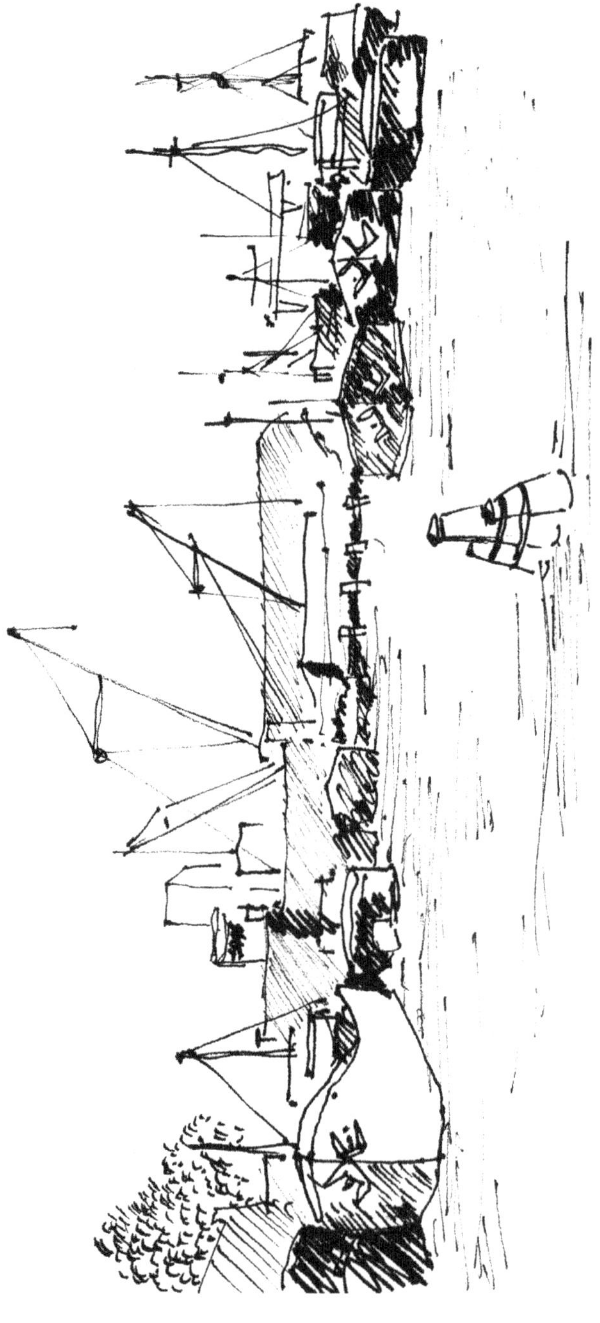

118

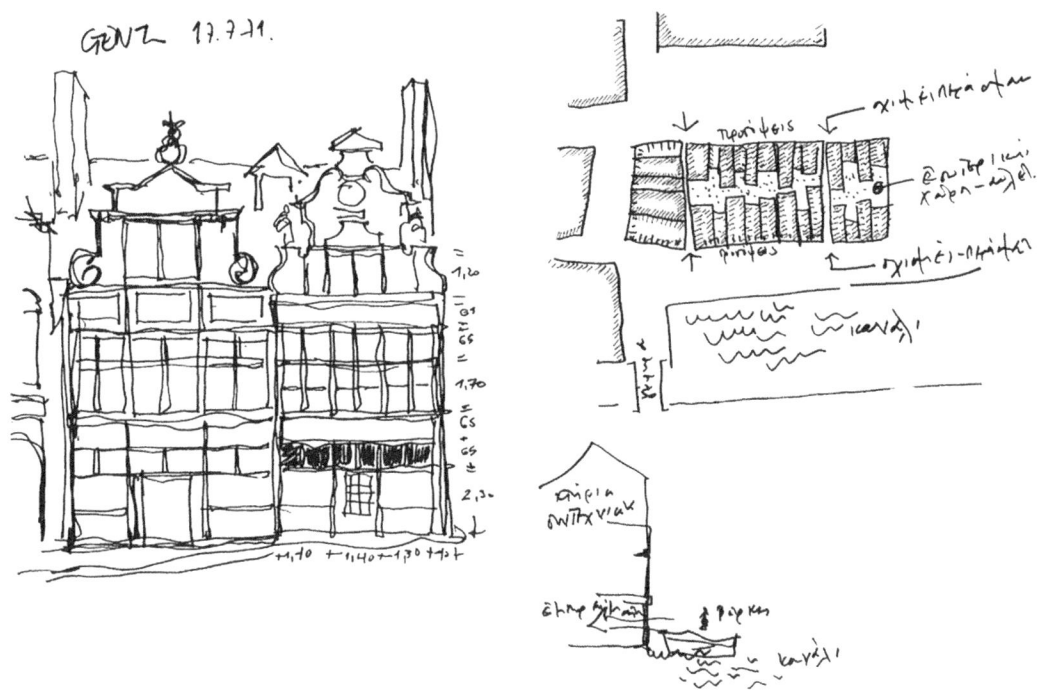

120

κεντρο Πειραιά
απο τον "Πύργο" τω χαμπικού διικαρχα
20.6.03

Η ΝΕΑ ΕΠΕΚΤΑΣΗ ΤΗ ΠΟ[...]
σε απόσταση από το ιστορικό ΚΕΝΤΡΟ, ΕΞ[...]
υποχρεωτικα και ελαχιστα ΟΨΗ.   Macerata Ιαλιου 03

121

Ven. 13.4.97   — τα ζηλιαστα ξυλινα μπαλκονακια
η αναρμοστη ξιξη υπαιθεν και ηλιν
στα στενα σοκακια. Ποτε αραγε εδωκε
ανΗ ΓΙ'αυτΗ τι σπΗΡΑΘΗ;
4 υπολοιπη πολη βουλιαξει τετρα στη
ΓΥΜΝΙΑΝΟΤΗΤΑ και τη υγρασια.

122

Rue Gay Lussac - Paris 19.6.13.

Blv. Henri IV – París 15.6.13

123

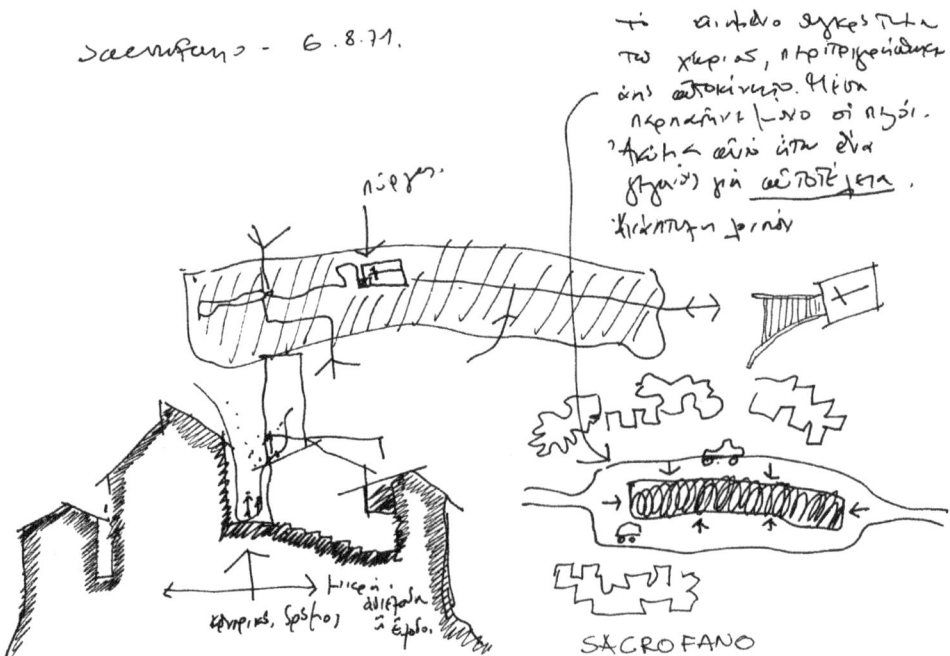

Μπαρμπούτα-Βέροια 25/9/10

Απείρανθος.

Κωμιακή - Κορωνίς . 29.12.77.

Η Κωμιακή = Αγ. Στέργιη (Βυζ.τοιχ.εικ.)

Κορωνίς = Θεοσκέπαστη (1716) (1820 Επισκ.)

Πλαγιά = 8 Σεπτεμβρίου) Εισόδια Θεοτόκου

Το χωριό = 120 παιδιά.

Το ψηλότερη = νησιού Πειραϊκό και πάνω,

δεν διαβαίνει από Απείρανθο.

- 7 ελαιοτριβεία.

- 2 εκκλησιές 1100

1 πατουσίδικο.

2 καφενεία.

1 ζαχαριστήριο

1 υδρομυλαγώγιο

Πρίν 10 χρόνια = 1.700 άτομα.

Το χωριό είχε και 2.500

200 μηχανικοί

Κτηνοτρόφοι - αμπελουργοί + γεωργοί.

προβλήματα με τις τιμές προϊόντων και τους

εργάτες στον συναιτερισμό.

η θέα
ΑΠΌ ΤΟ ΣΠΙΤΙ
ΤΗΣ Ζωήσ ΓΕΙΤΝ ΝΙ ΚΟΥ
...ή ρεσταυρ̀ τὸυ
φτά̀νει Λέχει εξω
σύν αγ.ή. Ήλιον
και φιλία; που έρχεται
από τσκμαρ̀

ΑΦΕΤΕΣ-Πήλιο, ολόΠΚ΀ φορά σε
αντικαλούμαι τη
χαλέτου ΕΤΙΙΚ ΕῚω σΝΟ
S. Gimignanno.
3-4-05

Ciudad de los Muertos, El Cairo, 8.11.03
En El Cairo, una increíble simbiosis entre vivos y muertos en los principales cementerios históricos de los mamelucos, ¡donde viven unas 600 000 personas! Han ocupado los espacios entre las tumbas, han levantado pequeñas construcciones y también bloques de pisos ilegales y utilizan las tumbas como patio. Al fondo la ciudad legal.

CIUDAD DE LOS MUERTOS, EL CAIRO 2003

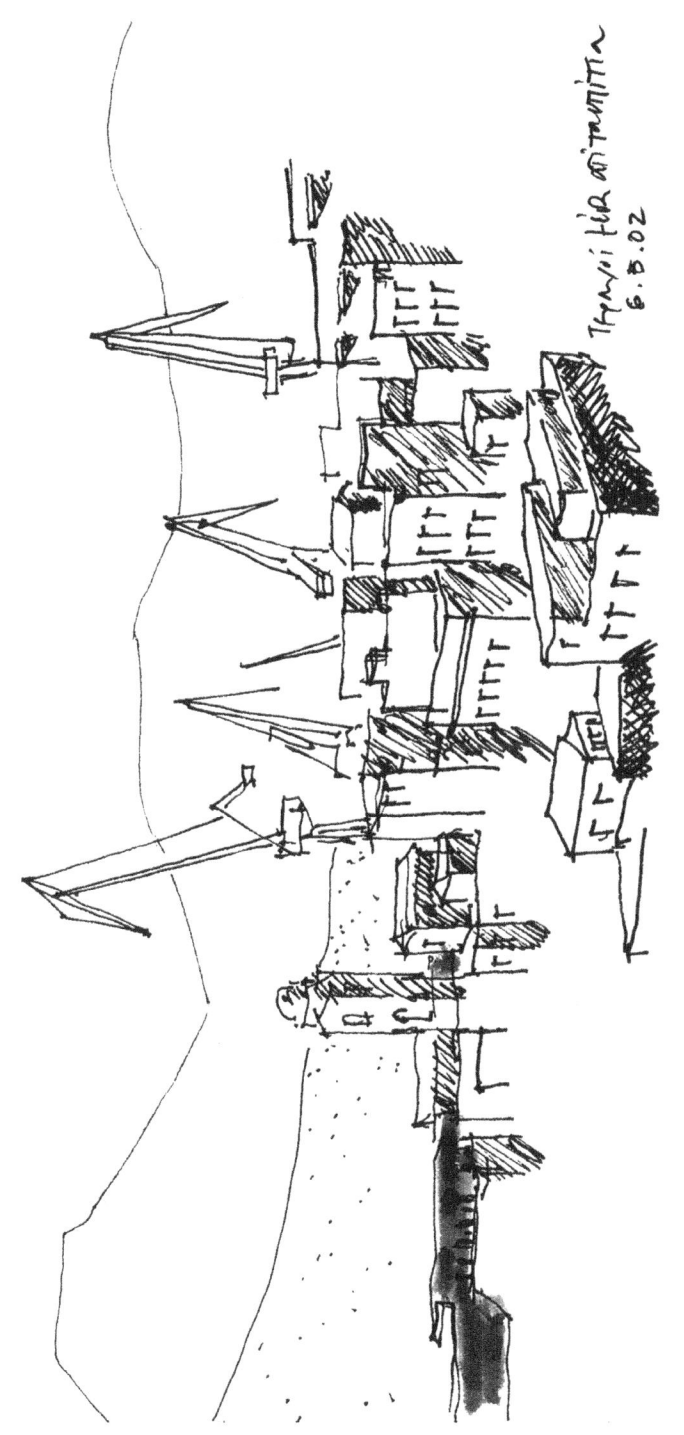

129

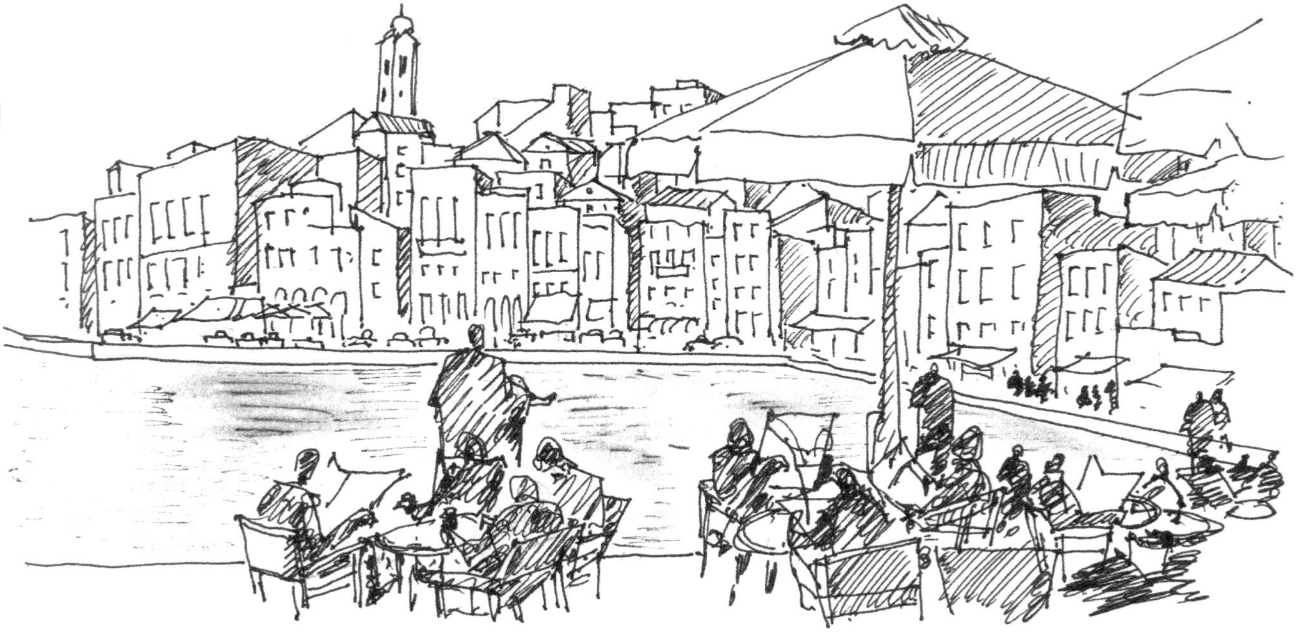

PUERTO DE SALÓNICA 1964

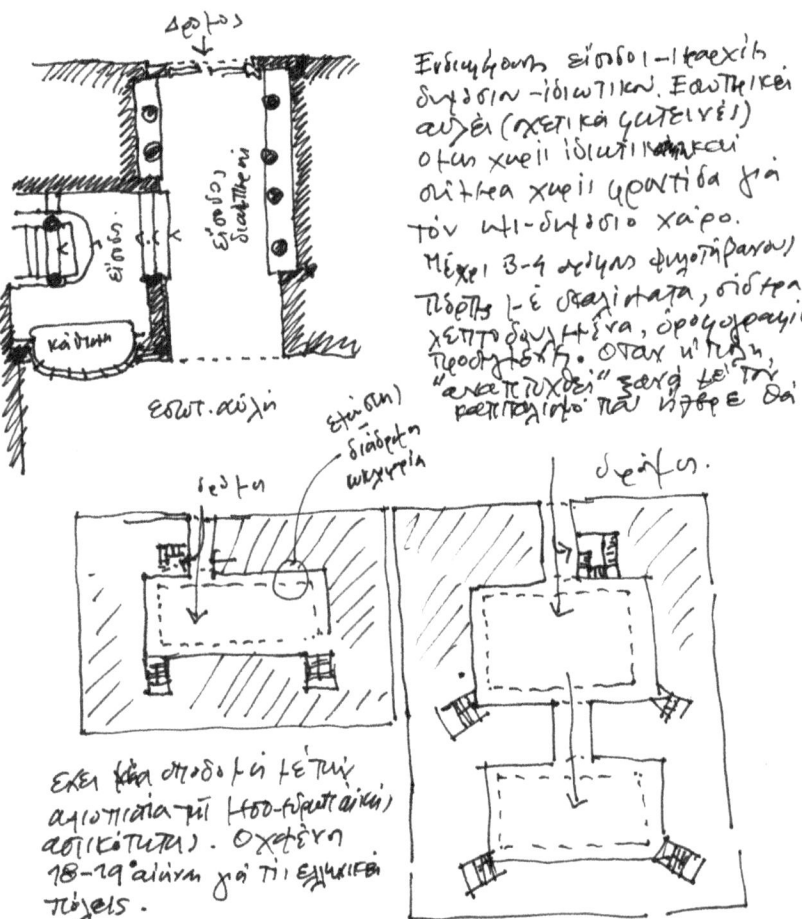

Βουδαπέστη 14.9.97

Η αυτοκρατορική πόλη, μέ τό πλούσιο οικιστικό απόθεμα
τῶν 18-19ω, λειτουργεῖ ἄψογα τῇ υποδοχῇ τῆ "κακῆς"
κομμουνιστικῆς περιόδου. Τίποτα δέν θύμιζε τό παλιό καθεστώς
μιά-δυό πινακίδες οἱ ιστορία πῆ έχουν βάψει . . . .

Ενδιαφέρουν εἴσοδοι-πέρασμα
δημόσιον-ιδιωτικών. Εσωτερικές
αυλές (σχετικά φωτεινές)
ὅταν χωρίς ιδιωτικοποιήσεις
οὔτε χωρίς φροντίδα γιά
τόν ημι-δημόσιο χώρο.
Μέχρι 3-4 σειρές φωτιστήρων
πλάτης (-ε σκαλιστάτα, οἱ στῆλες
χειρισμένα, ὁρογραφίες)
προσοχή. Οταν η πόρτα
"αναπτύσσει" ξανά μέ τόν
περιπατοῦντα πού μπορεῖ θά

Εσωτ. αυλή

Εχει μία σποδό μέ τῆ
αστικότατα πῆ (Ηρω-γραμμικῆ)
αστικότατα). Οχαέστη
18-19 αιώνα γιά τῆ ελληνικές
πόλεις.

*Grandes bloques de viviendas del siglo XIX, Budapest, 14.9.97.
La otrora ciudad imperial, con su rico parque de viviendas de los siglos XVIII y XIX, funciona perfectamente gracias a la infraestructura del supuestamente infame periodo comunista. Todas las señales que quedaban de entonces han desaparecido o las han pintado. Los viejos bloques tienen uno o dos grandes patios interiores. Los portales tienen un gran interés, pues hacen de espacio intermedio entre la calle y las viviendas y su decoración es muy rica, con columnas y asientos. Todas las puertas están talladas, las rejas hábilmente trabajadas y en los techos hay pinturas murales. Cuando la ciudad se «desarrolle» según los preceptos capitalistas, estos edificios adquirirán un gran valor. En las ciudades griegas, nunca existió este urbanismo de los siglos XVIII-XIX.*

5 Islas

¿Qué sería del Mediterráneo sin sus islas saladas y llenas de gatos? Me cuesta imaginarlo. Tampoco sé por qué en los grabados antiguos el País de la Utopía es siempre una isla. Me la imagino, en compañía de la hermosa frase de Oscar Wilde: «Un mapa del mundo que no incluya a Utopía no es digno de ser consultado, pues le faltaría el país en el que siempre está aterrizando la Humanidad».

Dice Matvejević que las islas son lugares especiales; en ellas la historia converge y se condensa más que en otros sitios. Surgieron hace millones de años de las transformaciones geológicas y los movimientos de la litosfera africana y euroasiática, que crearon simultáneamente decenas de volcanes. Excepto el Vesubio, todos los grandes volcanes del Mediterráneo están en islas y forman dos grandes conjuntos: las italianas islas de Eolo —Lipari, Vulcano, Salina, Panarea y Estrómboli, cerca del siciliano monte Etna— y el arco volcánico egeo —con los volcanes de Susaki, Metana, Milo, Santorini y Nísiros—. La isla más joven del Mediterráneo es Nea Cameni, en Santorini; nació apenas en 1950.

Antiguamente, las islas tenían su propia cartografía: los islarios (*isolario*, en italiano), que Giorgos Tolias describe como atlas cartográficos tempranos. Se trata de una especialidad mediterránea por excelencia, imprescindible para las potencias de la región desde el siglo XIV hasta el XVIII, al igual que lo fueron los portulanos de la costa mediterránea para los marineros. Los exquisitos mapas a color de las bibliotecas y las ediciones especializadas nos admiran, no solo por la información geográfica, sino por las representaciones de las olas del mar, de los monstruos marinos que pueblan sus profundidades, por las representaciones de asentamientos y montañas y por otros elementos decorativos, sobre todo las rosas de los vientos. Todo cartógrafo que se preciara debía diseñar la suya propia; algunos incluso les atribuían poderes místicos.

136

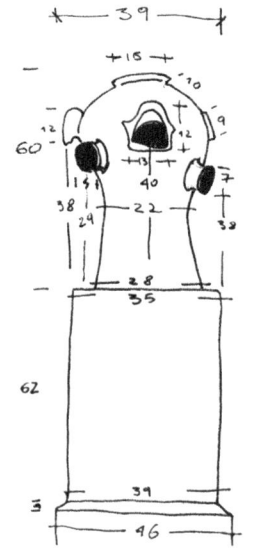

NAXOS 1967

PATMOS 1977

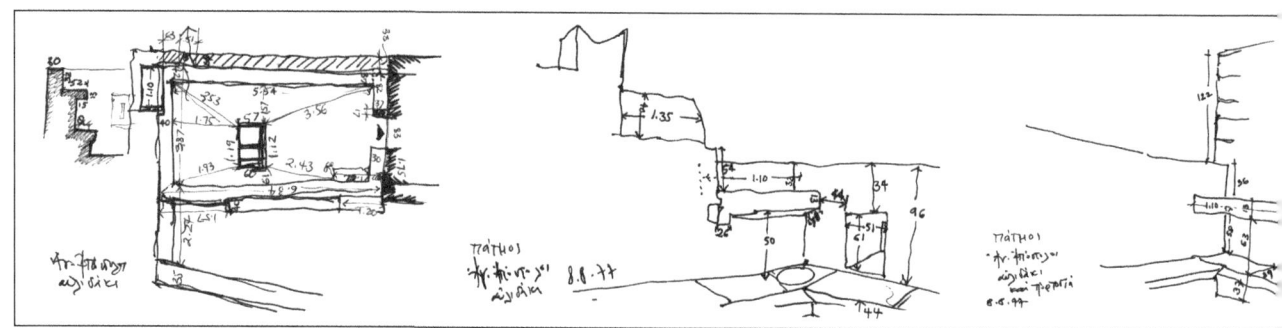

Hoy, las islas irradian el encanto veraniego del ocio, del mar, del sol y del amor. Llegados en avión y en barco, millones de visitantes llenan todos los años playas, hoteles y callejuelas, alterando la escala del microcosmos insular. En griego, *nisos* significa «aquello que flota» —de ahí lo acertado de la expresión «la isla se hunde de gente»—, mientras que en latín *insula* y el verbo *isolare* indican apartamiento. Los visitantes despreocupados y los científicos románticos omiten, deliberadamente o no, este segundo aspecto y el uso que hacían de él las distintas autoridades. Poetas, novelistas, pintores y hasta monjes se refieren al aislamiento de las islas en términos de contemplación y paz. Pero las islas pequeñas y por lo general deshabitadas, desde época romana, fueron lugares de exilio, de tortura, de terribles prisiones o de colonias de leprosos. Si los montes fueron el espacio político de la desobediencia, las islas fueron el espacio político de la vigilancia y el castigo.

En el Mediterráneo, las cárceles tienen algo en común con los monasterios y los faros: las maravillosas vistas al mar desde el puesto del centinela. Sin embargo, a diferencia posiblemente de los monasterios, desde los faros y desde los presidios no se ve el mar como placer, sino como condena. El islote de San Nicola, cercano a Nápoles, fue lugar de exilio hasta el Risorgimento, la unificación italiana del siglo XIX. La isla volcánica de Lipari, frente a Sicilia, fue un campo de concentración fascista. Después de la guerra, muchas islas se convirtieron en lugares de exilio de disidentes. Tito exiliaba a los contrarios a su régimen a Goli Otok («isla desnuda»), frente a las costas de Dalmacia. En Grecia, Macrónisos, Leros, Ai Stratis, Egina, Tríkeri, Giaros e Icaria albergaron establecimientos «correccionales» de los vencidos de la guerra civil y se sumaron a los lugares de exilio del período de entreguerras, como las islas de Anafe, Folegandros, Gaudos o Amorgos. Durante la dictadura de los coroneles, volvieron a abrir Giaros, Leros y Egina. Señala Matvejević que en las costas del Mediterráneo el encarcelamiento se soporta con mayor dificultad que en cualquier otro lugar, y las condiciones de vida de los presos políticos en los campos de concentración de las islas no eran las del «campo»:

[E]l viento, la alambrada, el aguacero,
el ulular del mar, constante e inmutable,
como la tapia de un penal: aquel era el espacio[18].

18. Titos Patrikios [Τίτος Πατρίκιος]: «Αλλαγές στο Χώρο» (Cambios en el espacio), *Ποιήματα Β΄, 1959-2017* (Poemas II, 1959-2017), Atenas: Kichli, 2018, 17.

Hoy, las islas del Mediterráneo —las que son territorio de la Unión Europea— son la primera parada para los acosados refugiados e inmigrantes (Lampedusa cerca de África, las islas del Egeo Norte cerca de Asia Menor). En ellas, se han creado los nuevos lugares de vigilancia y detención: los «centros de acogida cerrados» (cárceles) y los *hot spots;* mientras, al lado de los cruceros, patrullan el mar de manera agresiva las embarcaciones de Frontex y de la guardia costera. En islas más pequeñas, los lugareños experimentan el aislamiento y el abandono invernal, con conexiones por barco una vez en semana, escuelas cerradas o con dos o tres alumnos, sin médicos residentes y con la angustia de si llegará a tiempo el helicóptero cuando soplan vientos de hasta 74 km/h. No todas las islas pequeñas tenían la suerte de contar con heroicos transbordadores como el Scopelitis o su antepasado, el Panormitis, que se enfrentaban sin miedo a vientos de fuerza 8 o 9 en la escala de Beaufort[19].

En las islas, el mar es expectación por la llegada de un barco —en Naxos, la voz que nos movilizaba antes de la aparición del teléfono y de internet era: «ya se ve por Vriócastro»—, pero antiguamente no había ilusión, sino miedo: el enemigo siempre venía del mar. Los isleños decían: «Si viene del mar, es un ladrón». El uso de materiales locales, piedras y tierra, también era una forma de ocultar los asentamientos en caso de incursiones; la cal y el blanco cegador que vemos hoy en las casas aparecieron en el siglo XX. No todos los isleños eran marineros o pescadores, también había agricultores, ganaderos y canteros, y la mayoría no sabía nadar. El mar es para los visitantes del verano el principal motivo del viaje, pero para los isleños es trabajo y, a menudo, dolor y tristeza. Porque el trabajo de pescadores y marineros conlleva víctimas y muertes. No es lo mismo nadar por placer que nadar por necesidad. Antes, las mujeres enlutadas y las ermitas eran signos de pérdidas humanas o de promesas de quienes se habían salvado, no folclor de folleto turístico.

En las islas, aprendes a distinguir los vientos, prestas atención a sus frecuentes cambios y te das cuenta de cómo se utilizan, la fuerza que tienen y los efectos que causan en la tierra y en el mar. Los largos años de explotación ecológica de la energía eólica mediante molinos de viento están siendo reemplazados hoy por redes de enormes aerogeneradores, con la consiguiente destrucción del paisaje y apropiación de terreno público. Los mayores te enseñan a leer el tiempo y la intensidad del viento del día siguiente en los colores y las iridiscencias de la puesta de sol. El levante viene del este; la tramontana, del norte; el gregal, del nordeste; el *meltemi*

19. «Se ha desatado el temporal, arrecia el oleaje.
La flota entera se amarró, pero uno se hace al mar.
Es el Scopelitis quien no teme a la tormenta
y quien por capitán a ti te tiene siempre, Yanis.
La virgen vaya siempre a tu timón y guarde tu barco del aquilón».
Versos traducidos de la canción popular de Naxos: *Στο τιμόνι σου (Σκοπελίτης)* (A tu timón [Scopelitis]).
Música y letra: Lefteris Vaseos, Matceos Yanulis.

(del turco *meltem*), del noroeste; el cálido siroco, de África (los *sorocades* son los vientos más peligrosos en los puertos del Egeo); el poniente, del oeste. Desde las costas francesas sopla con fuerza hacia Córcega el estacional mistral. Términos que son vestigios de la multitud de lenguas del Mediterráneo. «En los países del Sur, con estos vientos, hay también ropa tendida en las ventanas, sábanas que restallan al viento como banderas. Vientos nuestros, ropa nuestra», añade Tabucchi.

Por las islas han pasado numerosos conquistadores que, tras largos años, han dejado su impronta cultural en las construcciones, la propiedad agrícola, el habla local o la vestimenta. De las especies vegetales insulares que han sobrevivido hasta el día de hoy, dos están representadas en los frescos prehistóricos de Santorini: el olivo y la vid. Dice Massimo Cacciari, filósofo y exalcalde de Venecia, que no crecen junto al mar, pero el mar alumbró las islas para que tuvieran tierra, para que pudieran echar raíces. En la densa estructura defensiva de las ciudades insulares pequeñas del Mediterráneo, la muralla la constituían las casas perimetrales. Las compactas ciudades fortificadas, con sus arcos y sus algorfas que unen la primera planta de todas las casas del asentamiento, sugieren sabiduría y precaución. En los pueblos productores de almáciga de Quíos, en los castillos de Sifnos y Astipalea, en la ciudad alta de Ibiza, incluso en ciudades pequeñas del interior de Italia como San Miniato y Ostuni, el entramado urbano compacto y de muros gruesos creaba un volumen macizo y duradero, capaz de resistir los frecuentes terremotos. Las calles estrechas y la alternancia del sol con la sombra de los pasajes cubiertos creaban corrientes de aire fresco en verano cuando cooperaba el *meltemi*. Los muros altos protegían pequeños huertos de cítricos entre las casas. En Al-Ándalus, el agua corría en silencio por acequias en el suelo a través de espacios abiertos y cerrados y contribuía a la ventilación de palacios, casas o mercados. En Tenos, la «isla hecha a mano» de Castoriadis, los palomares ricamente adornados que se reparten por el paisaje, mantenían a las palomas alejadas de las casas, las alimentaban y concentraban el valioso fertilizante que se obtenía de sus excrementos. La organización de las ciudades mediterráneas pequeñas era ecológica antes de que se descubriera la ecología.

139

140

"χλιάστρη" δύο Χωριά 20.3.02

Τὸ Ιπουντί π) -Διαγκανῶ
Ιτηρήλη
ιλέτι
οι Ἀπηγάλῃ

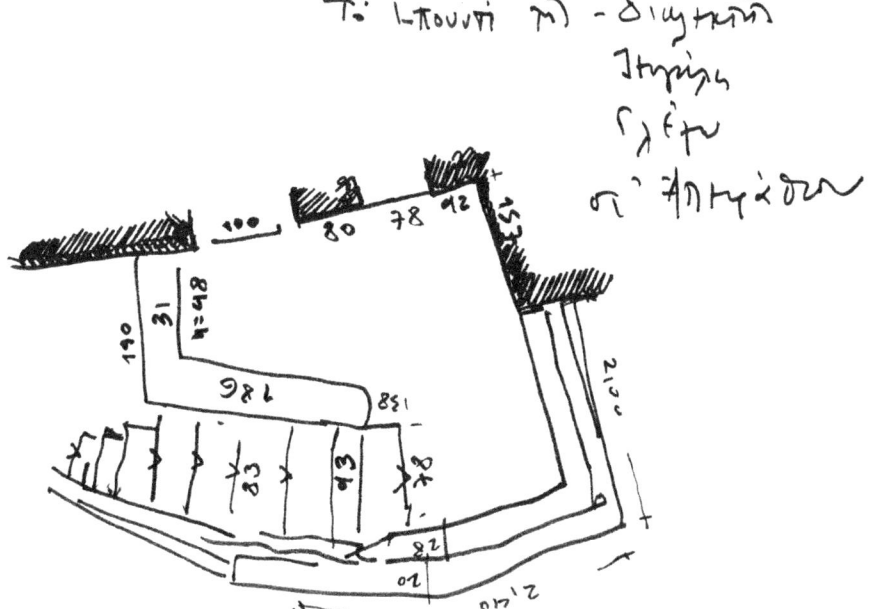

142

Plaza central con fuente de mármol. No he dibujado las decenas de sillas y mesas que han invadido este bonito espacio.

143

145

146

SCALA, PATMOS 1977

PIRGOS, TENOS 2002

148

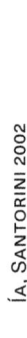

OIA 30.5.02

149

Gran densidad de edificación por todas partes, uniformidad de las nuevas construcciones blancas con salientes en las esquinas con forma de cuerno, en dirección al nuevo puerto, estropean el paisaje.

διάχυτη δόμηση, ο μοιομορφία, "φωτιός των κεράτων"
Μύκονος, έξω από τον οικισμό, προι το νέο χιλάνι
το άστρο κάνει τη ζημιά

150

HIDRA 1976

151

6

Cafés, confiterías, tascas

Pequeño regalo para corresponder a Yorgos Pitas por su magnífico álbum[20] y a Akis Papataxiarjis por las convidadas en Lesbos

20. Yorgos Pitas [Γιώργος Πίττας]: *Τα καφενεία της Ελλάδας* (Los cafetines de Grecia), edición no venal, 2014.

Para hacer la mayoría de estos dibujos, buscaba antes asiento; y qué mejor que tomando un café, un dulce o un rico plato de comida en un sitio de mi agrado. No es de extrañar, pues, que en muchos de ellos haya mesitas en primer plano o que el tema del dibujo sea el propio lugar del placer degustativo. Pero siento algo aún más personal por los cafés. Las vivencias infantiles con mi padre en dos lugares de encuentro predilectos: el cafetín de Vilandonis, en Naxos, y el café Savoritis, en la plaza Síndagma, ambos ya desaparecidos.

Al de Vilandonis íbamos él a tomar un café turco y yo a tomar un «submarino» —una cucharadita de pasta de azúcar con aroma a vainilla o almáciga sumergida en un vaso de agua bien fría— y más tarde bombones, que traía el Déspina dos veces en semana. El café lo tomaba —siempre cigarro en mano— con mucha azúcar y bien hervido en la arena del brasero, donde los cacillos de cobre y mango de madera esperaban llenos de agua los pedidos de la clientela. Porque entonces el café no se servía en taza, lo traían en el cacillo para que cada uno se lo sirviera a su gusto. Las mesas alargadas, con patas de madera torneada y tablero de mármol blanco de Naxos, colocadas en perpendicular a la pared. Las clásicas sillas de café llevaban grabado en el respaldo «Café Vilandonis», para que no se confundieran en las verbenas que se celebraban en la plaza con las de la competencia, el cafetín de Marmarás, que tenía en el centro una bonita columna de mármol de una pieza con un capitel decorado con motivos vegetales. En el cafetín de Vilandonis, grandes espejos en las paredes, el señor Manolis siempre con el delantal impoluto, diligente, con una palabra amable para todo el mundo y con el diario *Futuro de Naxos,* colgado de la pared en el portaperiódicos o pasando de mano en mano.

En el café Savoritis, en la esquina de Síndagma con la calle Ermou, donde hoy se encuentra el Ministerio de Fomento, mi padre una vez más, café turco con mucha azúcar y bien hervido o en verano *sumada* —almíbar de almendras— con almendras heladas; yo, aquella asombrosa empanada de queso, un sabor que no he olvidado. El café Savoritis no tenía nada que ver con el cafetín de la isla. Primero, por su tamaño y por el paisanaje que se encontraba en él, las cómodas sillas y los sofás de cuero rojo, el ambiente cosmopolita de clientes y camareros desconocidos, los últimos con largos delantales blancos, las lámparas de araña, la variedad de

154

ERMÚPOLI 1998

dulces y bebidas, el bullicio, los olores, la decoración, todo era distinto. Luego, aquel camino, de Exarjia a Síndagma, que me parecía como ir a otra ciudad, nada que ver con el cafetín de Vilandonis, que estaba a dos pasos de nuestra casa. Y, con todo, por aquel entonces para mí tan café era el uno como el otro. Quizá porque a los dos iba con mi padre, él a por su café turco y yo a por un tentempié, distinto en cada lugar, pero siempre igual de placentero y servido en las mismas bandejitas metálicas. Con el tiempo, llegué a reparar en que en ellas iba estampado el nombre de cada establecimiento.

Conforme me hacía mayor, me introduje yo también en el disfrute del café, turco o expreso, según el lugar y la ocasión, después de dejar atrás, como toda mi generación, aquel horrible nescafé que tomábamos de estudiantes y que perforaba el estómago. Entonces, comencé a fijarme en los cafés como espacios sociales, como lugares de encuentro y ocio, en los que lo pasaba bien, unas veces en compañía, otras en la máquina de *pinball*, otras solo, pero sin cigarro, que nunca fue de mi agrado. Ahí fue cuando empecé a dibujar —además de las plazas— los interiores de los cafés, los detalles de construcción, a los parroquianos, por desgracia en blocs ya perdidos. Cuando entré en contacto con la izquierda, comencé a entender la importancia política y cultural de los cafés, no solo en lo que respecta a su adhesión a los distintos partidos —los famosos cafés «azules», «verdes» y «rojos»—, sino sobre todo como fermento del movimiento. Sin charlas ni preparación en los cafés, el movimiento no tenía futuro. En palabras de Vanguelis Papadópulos, electricista, hablando sobre las elecciones de 1963 en Naxos:

155

Me habían pedido que instalara los micrófonos para que Manolis Glesos hablara en el cafetín de Vilandonis. Pero la izquierda no tenía dinero por aquel entonces y me negué en un principio, porque cobraba a todos los candidatos. El caso es que un ilustre naxiota que se escondía porque no quería que se conocieran sus convicciones políticas me llamó y me dijo que el sonido para el mitin de Glesos lo pagaba él. Como era amigo mío no quise aceptar dinero, a pesar de sus ruegos. En cualquier caso, lo que me llamaba la atención era la presencia policial en los mítines de la izquierda. De hecho, a Nikiforos Mandilarás no lo dejaron hablar en la capital de la isla, sino que lo mandaron a un cafetín al pueblo de Anguidia. Y creo que fueron tontas, erradas, este tipo de decisiones de la policía y del Estado porque radicalizaban aún más a la gente y, por supuesto, alimentaban la curiosidad del «¿qué tendrá que decir este, que no nos dejan escucharlo?» [21].

21. N. Lianós: «Las elecciones en Naxos: los favores, las broncas y el juego del escondite de otra época», diario *Cicladikí*, 2/5/2012.

La otra experiencia del viajero es la de la comida en tascas, *tratorías* o restaurantes «buenos» con mantel de tela. Ahí es donde te das cuenta del valor que tiene un guiso sencillo pero bien preparado con hortalizas frescas, la excelente calidad del aceite de oliva y el acompañamiento del vino local. Placeres que creemos perdidos, pero que, si buscas bien, todavía se pueden encontrar. Bacalao con tomate y pimientos en Lisboa, espaguetis con almejas en Venecia, un auténtico *döner* en Estambul, unos sargos frescos y bien asados en Antiparos, un cordero de Pascua en Milán, un cordero al horno con alcachofas silvestres en Sitía, un cordero Elbasan en la parte vieja de Salónica o un tayín de pollo con especias y almendras en Mequinez, son algunos de los sabores que se te quedan grabados junto a los lugares donde los has disfrutado. A medida que me hago mayor, cuido más lo que como y me vuelvo selectivo con los espacios, incluso para escoger mesa, por ejemplo, al lado y no frente a las vistas o frente al mar.

Lo normal es que los visitantes masivos de países del norte, aunque también muchos lugareños, rara vez se interesen por quién cultiva y en qué condiciones las verduras frescas que comen, cómo se produce el aceite o el vino, cómo se amasa el pan o cómo se captura el pescado. Para los más «inquietos» hay visitas organizadas a talleres artesanales, principalmente de bebidas y quesos, donde los productores locales explican cómo se fabrican y se hacen degustaciones. Sin embargo, la dieta mediterránea —*must* del actual estilo de vida saludable— conlleva trabajo y explotación humana, antiguamente trabajo familiar y, sobre todo, femenino dentro de las estructuras patriarcales. Los folletos turísticos nunca se olvidan de incluir algún vejete bigotudo o alguna viejita con pañuelo en las fotografías de productos de la tierra, como recordatorio de la tradición que supuestamente continúa. Sin embargo, hoy el trabajo en campos e invernaderos lo hacen trabajadores extranjeros en condiciones de esclavitud más o menos encubierta.

Decía el sabio abogado milanés Mingione, padre de mi amigo Enzo, que los pescados buenos se comen lejos de las playas donde se pescan: en las grandes ciudades donde hay dinero para pagarlos. Porque desde tiempos de los romanos hasta hoy, el pescado grande, bueno, fresco, era alimento exclusivo de los ricos. Desde entonces, el golfo de Ampracia abastece de pescado a los ricos de Roma y hoy, ya modernizado, sigue con la tradición: en no pocos mercados europeos se pueden encontrar doradas, pargos y lubinas de piscifactorías de la zona. Italia y Gran Bretaña son los

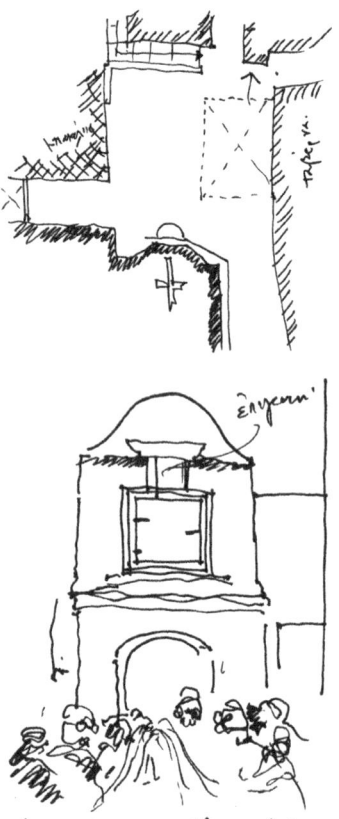

JORA, PATMOS 1977

156

principales destinos de las exportaciones de las piscifactorías griegas. En las Cícladas durante el verano, pescados grandes solo los hay de importación, en los restaurantes turísticos sirven sardinas sin cabeza, gordas e insípidas, porque las traen congeladas del Atlántico, los platos de pulpo a la brasa solo traen tentáculos gruesos porque estos también son por lo general congelados, y los japoneses pescan ilegalmente el pequeño atún rojo del Egeo que exportan en aviones privados a Tokio para el preciado *sushi* de la burguesía nacional. Con todo, los rincones mediterráneos y las localizaciones de los establecimientos compensan. Basta con buscar un poco para comer bien y a un precio relativamente asequible. La variedad entre la que se puede escoger es amplia, por no hablar de que en los últimos años la comida mediterránea se considera el paraíso terrenal de los viajeros veganos más exigentes...

157

158

Via Mazzanti, Verona, 15.4.97

Después de una fantástica comida con tortellini *y vino tinto, miro la calle tranquila con su viejo pozo, a dos pasos de la piazza Tribunale. Estrecha, de unos 7 metros de ancho y 50 de largo, me recuerda al camino que describe Vasco Pratolini en* Crónica de pobres amantes. *Igual que en la novela, a los pisos altos se entra por un pasillo-balcón. Las familias tenían sistemas de poleas para sacar agua del pozo sin bajar a la calle. Las poleas siguen en su sitio, y el brocal del pozo es romano, con representaciones en relieve.*

El Restaurante Mazzanti parece lo único que sigue vivo en esta calle. Las casas no se reparan a causa del alto coste y de los estrictos controles que se aplican en el centro istorico; *los antiguos inquilinos se han ido. Un ambiente de museo para que nosotros, los visitantes, vengamos a tomarnos un café a una Verona maravillosa, ciudad de los enamorados, soleada y con una suave brisa. Afortunadamente, el dolor de espalda parece remitir; benditos sean los ejercicios en suelo. Puedo relajarme, pues, y decirme una vez más lo afortunado que soy.*

En todo el rato que llevo aquí, nadie ha descubierto este maravilloso lugar. Solo dos estadounidenses han venido a comer, pero los muy memos han pedido sentarse dentro. Menos mal, así he podido quedarme a solas con mis pensamientos y con el deleite del momento.

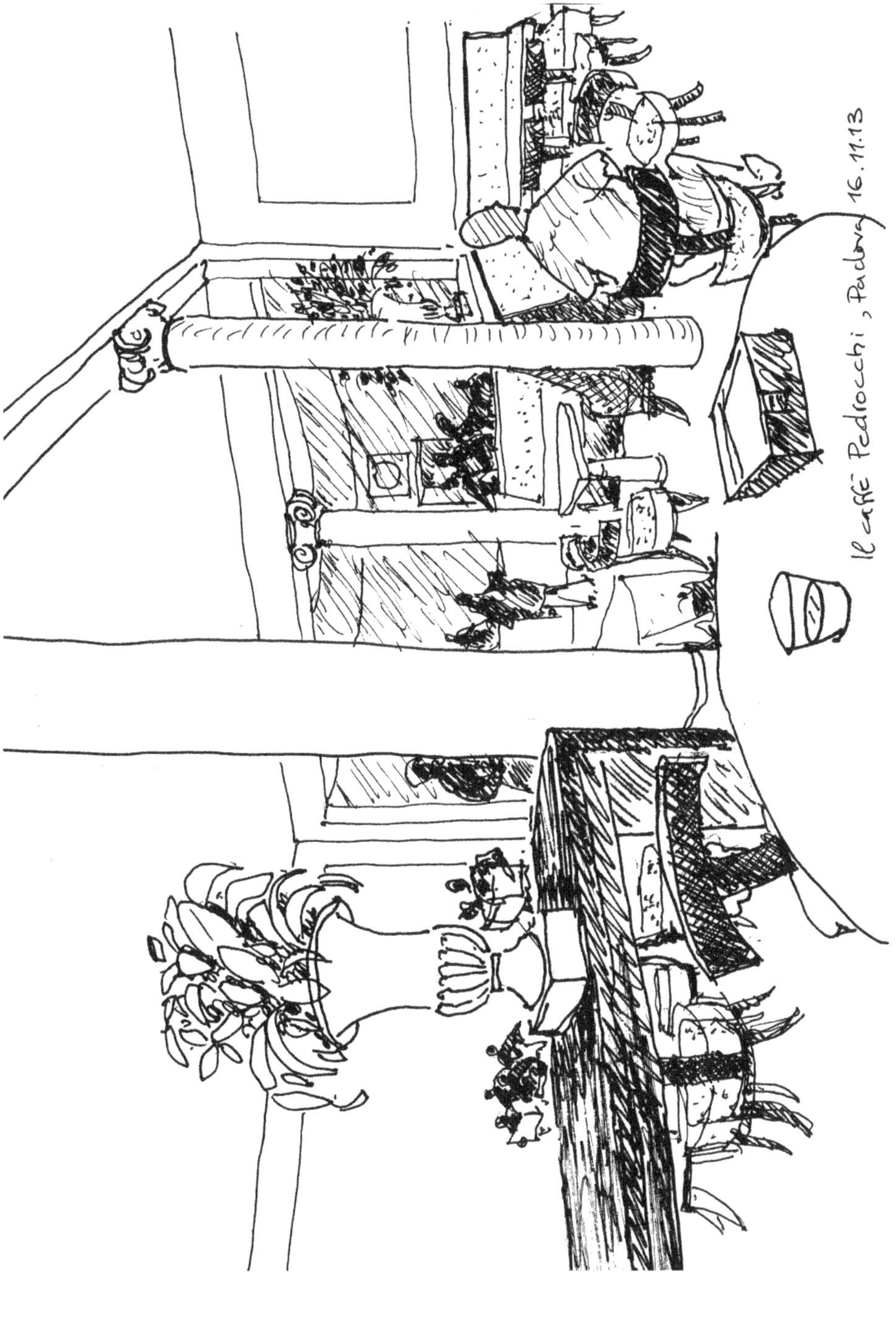

Il caffè Pedrocchi, Padua 16.11.13

159

Gerbeaud
Budapest
14.9.97

BUDAPEST 1997

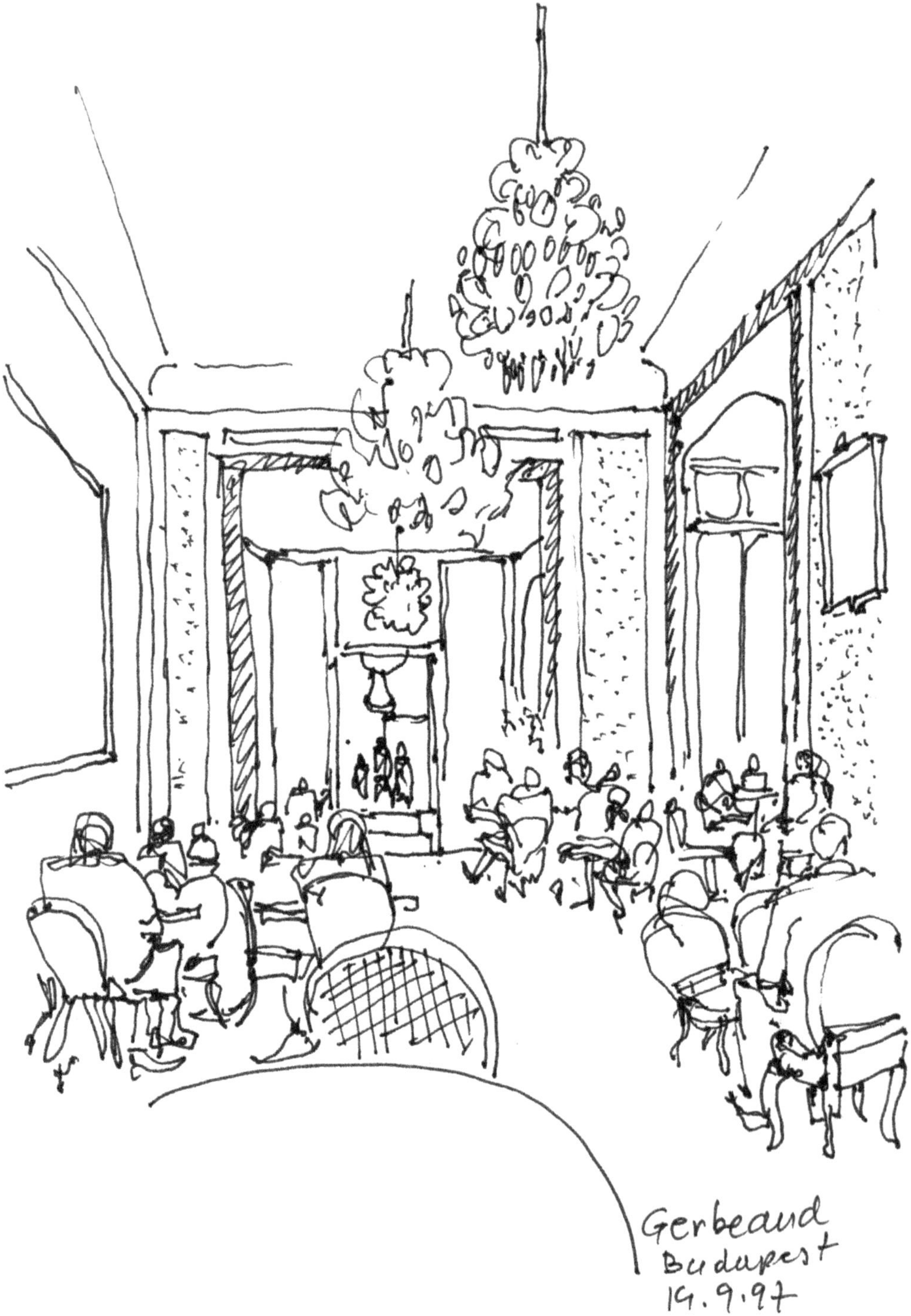

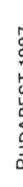

18.11.02
cafe
Newcastle
station

Moorish café - kasbah - Rabat 30.4.04

162

... una plazuela tranquila y bonita, alto en el camino y abertura con vistas al mar. La han convertido en un café al aire libre con taburetes, mesas bajas y unos mazapanes exquisitos. Un rincón con una tranquilidad difícil de encontrar, en fuerte contraste con la ruidosa y vibrante Medina. Por todas partes mosaicos de azulejos.

τουρίστινος
δόχος

taverna S.Trovano
Btreta NOEMβpian 2013

spaghetti ale vongole υτχεχο...

163

En mi querido restaurante San Trovarso, noviembre de 2013, comiendo unos spaghetti *alle vongole, geniales como siempre, pero con almejas más grandes. No cometieron el error de traerme parmesano con el marisco, como aquella vez en el mismo lugar con Ani, Costas y Dina en 2004.*

164

"Πανεπιστήμιου"
Μυτιλήνη
10.6.19

*Antiguo Café Azanasia-
dion, Plomari, Lesbos,
8.6.19
En Plomari, donde se
produce el famoso
ouzo, un viejo café, de
los pocos conocidos de
la isla. Fue una dona-
ción del rico Azanasia-
dis en 1902 y su amplio
interior de techos
altos era utilizado para
asambleas de vecinos,
representaciones tea-
trales y conciertos. Un
pequeño centro cultu-
ral. En verano es fresco
sin necesidad de aire
acondicionado, pero
todo el mundo estaba
sentado afuera al calor.
Se siguen conservando
las viejas mesas y sillas
de madera, así como
los sofás con respaldo
de madera pegados a
las paredes. También
hay mesas bajas para
jugar al ajedrez o a las
tablas reales.*

165

iddi

Café
artisto 1785 Gilli-Firenze oktober 2010

Teatro istantaneo

167

Στοές στι πλατεία Μιαή η 4.5.02

169

Café Central, Wien 18/9/10

170

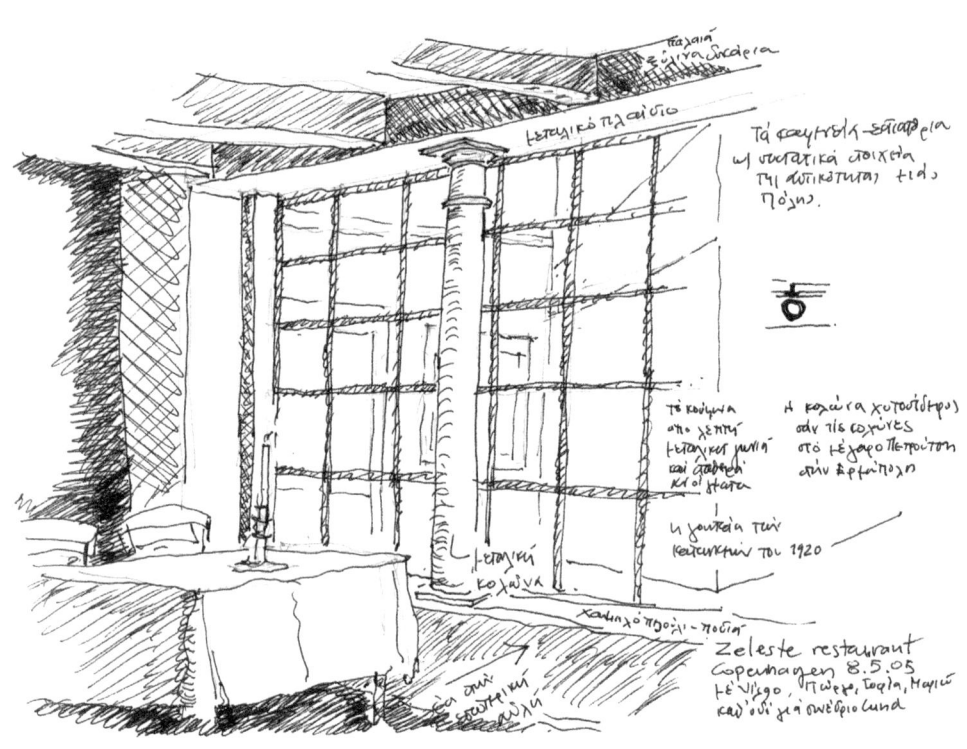

...ατ'ετω καθιστός ως άραχτα ο... Pessoa !!
Α Brasileira , το ιστορικό καφέ τω 1905
έσα καθιστά και έ; +ΜΙΝΙΚΑΊ νεξὸ = 1.80 €!!
Lisboa 1.3.08

En A Brasileira, el histórico café de Lisboa, lugar de encuentro de la intelectualidad de los años treinta. Fuera, en una estatua de bronce sentada sobre un banco está... ¡Pessoa! ¡¡¡Café y botella de agua para tomar sentado solo 1,80 euros!!!

CHENTOYPI 20.8.98

SFENDURI, EGINA 1998

El campo construido, la naturaleza y el concepto de «lo enfrente» 7

Fuera de las ciudades, el relieve terrestre es el armazón del campo, tanto del natural como del artificial, después de siglos de intervención y trabajo humano. En regiones áridas como el sur de España, el transporte, almacenamiento y uso de un bien tan preciado como el agua requerían de una serie de obras hidráulicas acometidas por los árabes y que se siguen utilizando a día de hoy. En la Huerta de Murcia, en gradual desaparición a causa del desarrollo de la edificación con fines turísticos, funcionan los mismos sistemas de irrigación desde el siglo VIII. La gestión del agua de riego tenía su propio derecho consuetudinario; en Valencia los jueces del Tribunal de les Aigües dictaban sus fallos ante la puerta de la catedral. En otros lugares, el exceso de agua era una maldición que obligaba a hacer grandes obras de drenaje y cambios en el curso de los ríos, como en la Terraferma veneciana; o desecaciones de lagos, como el Copais y el Yanitsá en Grecia. Los llanos y sus ciénagas eran focos de malaria y fiebres y eran un repelente de las poblaciones; el poblamiento de las llanuras y las costas del Mediterráneo, con la excepción de las ciudades puerto, es relativamente reciente.

El Mediterráneo de las montañas es el gran desconocido de los visitantes veraniegos. Y sin embargo, estas son muchas y muy altas, con una morfología y una vegetación impresionantes, y habitadas hasta la cota de los 800 metros aproximadamente. Las montañas encierran el mar y sus cuencas fluviales lo nutren y renuevan sus aguas. A poca distancia hacia el interior, se pueden encontrar todas las zonas climáticas, desde la desértica o la tropical hasta la alpina. Como nos recuerda el escritor griego Ánguelos Elefandis, la vida en la montaña siempre ha tenido algo de trágico; Fernand Braudel añade que era una fábrica de personas para el provecho de otros. Completan la semblanza de las montañas mediterráneas los robles, castaños, hayas, abetos, pinos y plátanos cercanos a fuentes de agua y la primordial *maquia* alta. En la costa de África, la soberana es la palmera datilera. La palmera de Teofrasto y una especie de palmera enana conocida como *palmito,* con hojas en forma de abanico, son de origen europeo y crecen en la cuenca occidental. El chopo de agua que los alcaldes griegos plantaban por doquier por su rápido crecimiento (también conocido como «chopo municipal») ha sido sustituido por palmeras, probablemente de las islas Canarias, que dan un toque de distinción cosmopolita, normalmente, en los paseos marítimos.

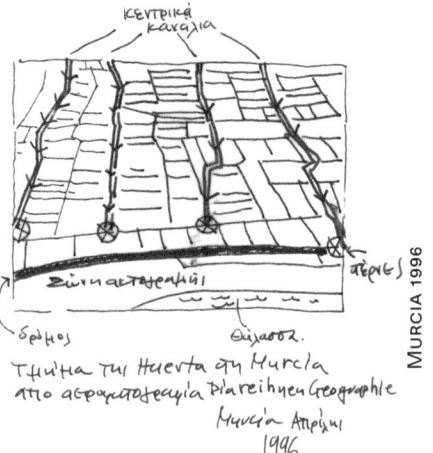

MURCIA 1996

Vista de la Huerta de Murcia, con ayuda de la edición Diareihnein Geographie *(publicada por Klett-Perthes) y a partir de la observación de campo de los canales que recogen el agua de los invernaderos. Abril de 1996.*

Por debajo de las montañas, el campo es de fabricación humana: en las llanuras de regadío el mosaico de cultivos le da al paisaje una apariencia geométrica severa; por el contrario, en las zonas semimontañosas áridas, en las que la explotación de la tierra requería mayor esfuerzo, la adaptación a las curvas de nivel produce formas irregulares y sinuosas. En ningún otro lugar se aprecia mejor el campo construido que en los bancales de las zonas semimontañosas y de las islas del Mediterráneo. Desde la Antigüedad, como en la isla de Delos, innumerables generaciones de cultivadores pertinaces han construido bancales, no solo en islas, sino también en el sureste de España, en la Provenza, en Liguria, en Croacia, etcétera. El esfuerzo de generaciones ha preservado las tierras de cultivo existentes y ha construido otras nuevas usando simples muros de piedra seca, trayendo rocas desde lejos o empotrando a veces materiales antiguos de acarreo. Los bancales favorecían la infiltración del agua de lluvia y el aumento del nivel freático, aportando así agua a los manantiales. Hoy, se han abandonado los bancales en lugares de difícil acceso —las cornicabras y las coscojas se han espesado—, salvo en el caso de los cultivos de uva para vino, que se han mantenido y se han incrementado, como en el Duero a su paso por Portugal, donde se produce el famoso oporto.

La estepa costera y de montaña protegen de los frecuentes cambios meteorológicos extremos. En las zonas propicias al cultivo, especies tradicionalmente mediterráneas como los cereales, la vid, la higuera y el olivo, se mezclan en el mosaico del paisaje con otras «de fuera» como los cítricos, el tomate, la patata y la alubia, el algodón, el tabaco, el maíz, el arroz y árboles como el ciprés, el eucalipto y muchos otros. La llanura de la Argólide, que estaba completamente desnuda y en el siglo XIX presentaba claras muestras de erosión, hoy está sembrada por doquier de naranjos y mandarinos. Si Heródoto o Estrabón viajaran en nuestros días, no reconocerían en ningún caso las plantas y los árboles que hoy consideramos mediterráneos.

El gran enemigo de la vegetación es el sobrepastoreo, fundamentalmente de cabras, problema de sobra conocido desde época minoica en Creta, que sin embargo conserva el mayor número de plantas endémicas de todas las islas del Mediterráneo. Los cultivos se ven complementados por las plantas silvestres. Coloridas y aromáticas como el erguén, el brezo, la manzanilla y el poleo. En zonas rocosas y áridas, la garriga, el tomillo, la coscoja, el laurel, el hinojo, la salvia y la valeriana. También, el mirto con sus flores blancas en verano, el romero o la alcaparra, que crece entre las rocas al lado del mar. Todas ellas llenan de colores y fragancias el paisaje mediterráneo, las abejas liban sus jugos; algunas, con propiedades curativas conocidas desde la Antigüedad, son utilizadas por la industria farmacéutica. No es casual que Luis XIV enviara al botánico y geógrafo Joseph Pitton de Tournefort en 1700 para consignar informaciones de interés geopolítico sobre el archipiélago del Egeo y Creta. No recuerdo quién me dijo que en la Biblioteca Nacional de Francia en París, junto a los mapas y litografías de su *Viaje a Levante,* todavía se conservan los herbarios de las plantas recolectadas, clasificadas y dibujadas por él y por los miembros de su misión.

El relieve del campo conforma las unidades de paisaje básicas que es posible contemplar sobre el terreno. En las grandes llanuras de la península Ibérica y en la llanura Padana, así como en el desierto de la costa mediterránea meridional, el horizonte es difícil de divisar, sobre todo en los días calurosos. Allí donde el relieve presenta variedad y diferenciación, la fuerte fragmentación entre montañas, colinas, desfiladeros grandes y pequeños, junto al extenso litoral, llevan a captar desde el terreno unidades visuales pequeñas y discontinuas. Siempre hay algo «oculto» e «inesperado» —como los recovecos de las calles en las ciudades—, algo que no se percibe a primera vista, y eso genera un interés constante.

Particularmente en Grecia, la combinación entre la gran variedad del relieve, su carácter montañoso y su insularidad, la reducida extensión de las llanuras y la gran longitud de las costas, engendra una característica sumamente interesante de los paisajes de campo griegos: la presencia constante de «lo enfrente»[22].

22. Costis Hadjimichalis [Κωστής Χατζημιχάλης] (ed.): *Τα σύγχρονα ελληνικά τοπία. Γεωγραφική προσέγγιση από ψηλά* (Los paisajes griegos contemporáneos: aproximación geográfica desde el cielo), Atenas: Melissa, 2011, 28-30.

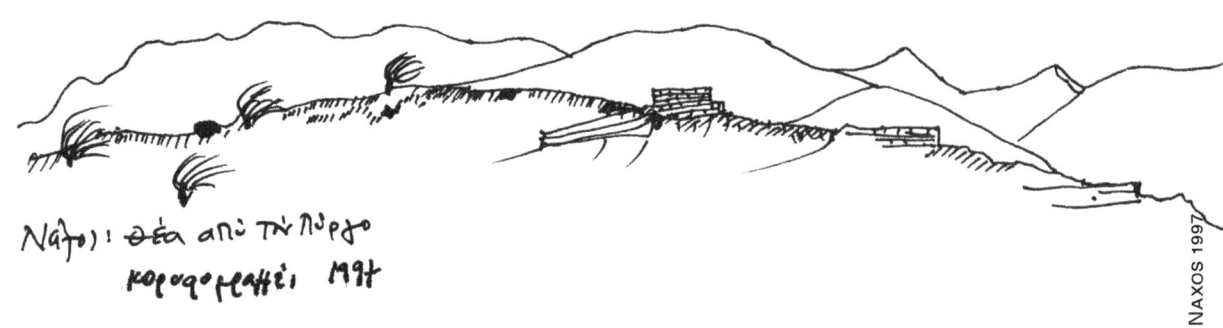

NAXOS 1997

En comparación con el resto de países mediterráneos, en Grecia son pocas las veces en que no hay nada a la vista en el horizonte, es decir, en que se ve el mar abierto sin porción de tierra alguna; de igual manera, los límites de las llanuras son siempre visibles. El elemento de «lo enfrente» es un rasgo esencial de los paisajes campestres griegos y los diferencia de otros paisajes mediterráneos. Por último, contribuyen a la existencia de «lo enfrente» otros dos elementos, conocidos y documentados por técnicos, escritores, pintores y fotógrafos: la intensa luminosidad y la claridad de la atmósfera, según las condiciones meteorológicas concretas.

177

178

Castel de Subirats - Alt Penedès
Catalonia
mayo, 02

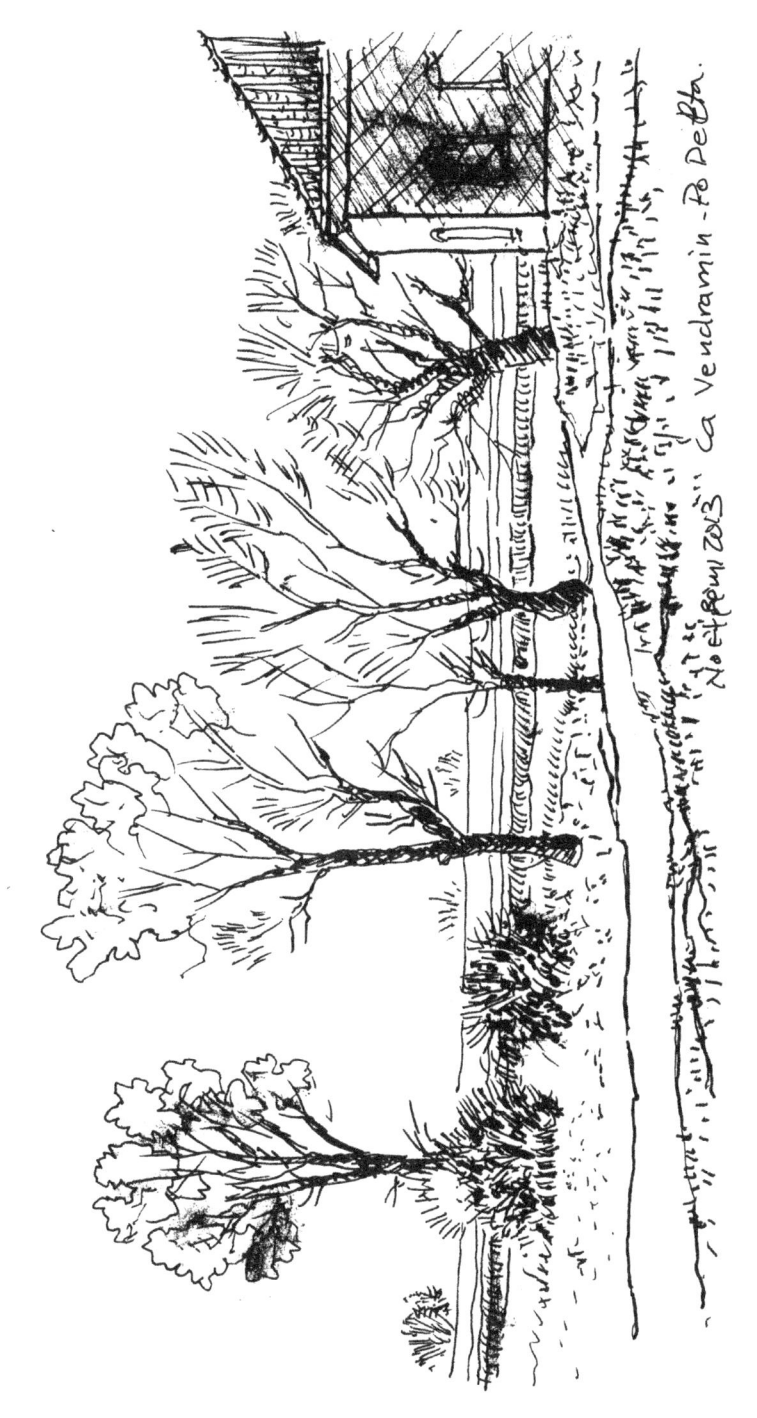

Ca' Vendramin - Po Delta

179

Πηγάδι νεροῦ τὰ τηρίμινα για είδαλοιση αδιαφ. στάθμι νεροῦ

η διαφορά η γη

Σε κάποια σημεία και 8-10 μέτρα

πιο χαμηλά από το ποτάμι και τη θάλασσα.

κατάχωση.

η γη είναι "νέα" 100-200 χρόνια από τις προσχώσεις του Πο

Bocassete Νοέμβρη 2013
Po Delta.

180

Νοέμβριο 2013

Ο ρόλος του Scardovari Po Delta. Οι καλύβες των ψαράδων εξυπηρετούν την ιδια ταξε βίδε.

181

182

θέα από τον Πύργο

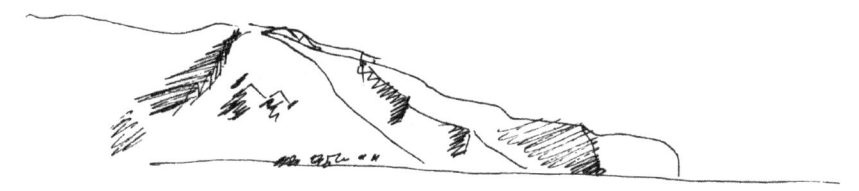

183

184

35　　35　14

13

42

185

186

Η
θέα
απο την
Δελφὶ
προς το καμπο
την Αμφισσαν
και Ιτεα.

28.8.09

188

MANI (GRECIA) 1972

LAUREÓTICA, DEL CABO COLONES (O SUNIÓN) AL ISLOTE DE PÁTROCLOS, DESDE UN BARCO EN TRAVESÍA 2003

189

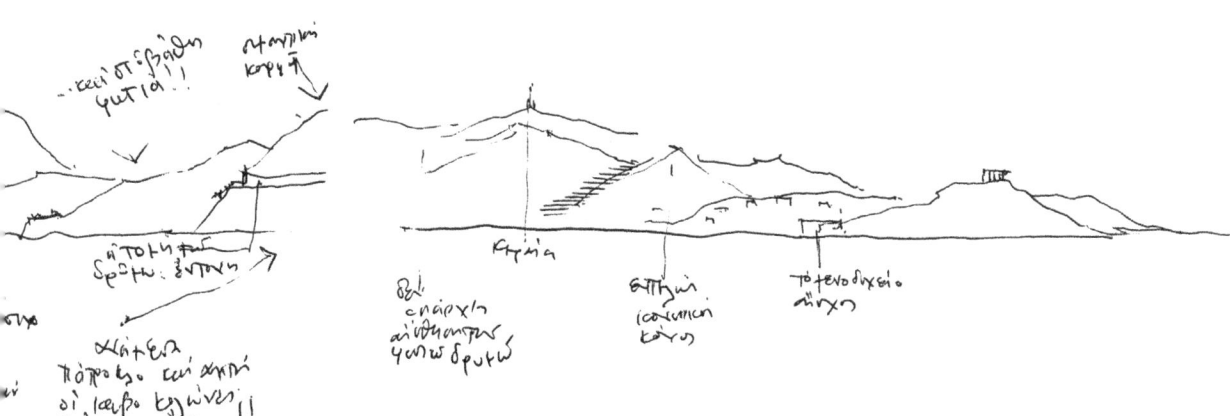

190

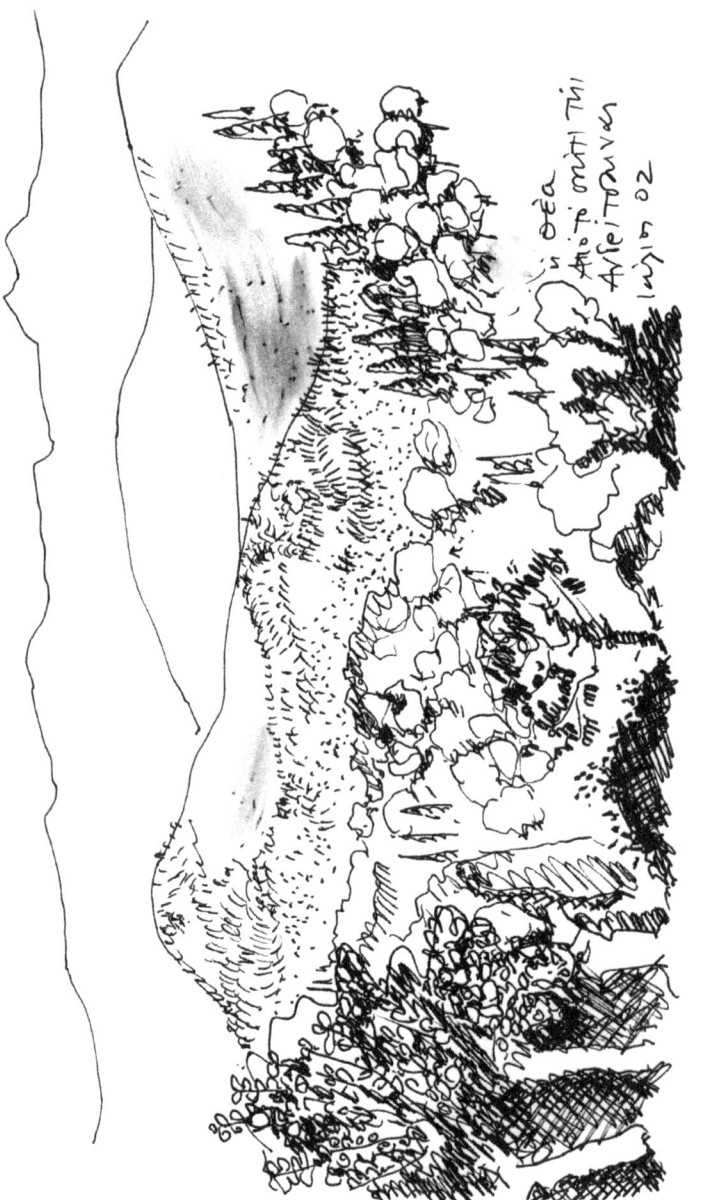

191

... sol de frente y nubes
... el verdor de las montañas
Pondiconisi y Monasterio de Vlajernón.
Enero de 2007.

8

Más allá
de la urbanidad

Las ciudades, como los sueños, están construidas de deseos y de temores...

Italo Calvino[23]

23. Italo Calvino: *Las ciudades invisibles* (trad. de Aurora Bernárdez), Madrid: Ediciones Siruela, 2005, 58.

Concluyo estos textos breves que sirven de acompañamiento a mis dibujos en una época de pandemia en la que el miedo se ha apoderado de las ciudades y ha cambiado radicalmente nuestra vida cotidiana. De marzo a mayo de 2020, «me quedo en casa» —como reza la consigna del gobierno griego— de mi hija en Londres esperando un vuelo de repatriación. Mientras escribo estas líneas, leo las trágicas noticias que vienen de Italia, España, en menor medida de Grecia, Portugal y la costa meridional del Mediterráneo. En las conexiones internacionales de los telediarios, reconozco lugares que he visitado; en algunos de sus rincones he hecho dibujos y he disfrutado de la urbanidad local. Ahora los veo desiertos, con los comercios cerrados, las plazas vacías; la poca gente que circula por la calle va con mascarilla y hay policías armados por todas partes. Escenas de película de ciencia ficción, de cómic de Bilal, de la Venecia desierta de Corto Maltés. Nada recuerda a los bulliciosos lugares que conocí, y me vienen a la memoria inconscientemente las descripciones de Carlo M. Cipolla[24] sobre la peste negra, que asoló miles de pequeñas y medianas ciudades del Mediterráneo y reordenó el sistema de asentamientos. ¿Tendrá la actual pandemia efectos similares?

24. Carlo M. Cipolla: *Before the Industrial Revolution: European Society and Economy (1000-1700)*, Nueva York: Norton, 1980.

194

Sabemos por la historia y la geografía de los efectos que tienen las grandes pandemias sobre las sociedades, las instituciones, la organización urbana y el conocimiento sanitario. Aún está por ver lo que quedará de la que estamos viviendo ahora mismo. Sin embargo, ya son apreciables sus efectos adversos sobre las economías locales, el empleo y las relaciones humanas. Me temo que constituyen un «detrás» de la urbanidad mucho más sombrío de lo que sugería en mi introducción a la edición no venal de este libro de 2006 y también que lo vivido durante la crisis de 2008-2018.

Vuelvo, pues, a lo que dibujé y escribí cuando viajábamos sin mascarillas y sin fobias, disfrutando de las cualidades de las ciudades mediterráneas. A través de los dibujos y los textos, releo también los viajes que hice. Los recuerdos están mezclados con alegrías, desilusiones y pesares, pero el balance es positivo. Fueron viajes muy hermosos y yo fui muy afortunado —sobre todo en las circunstancias presentes— de haber podido hacerlos, porque siento como un gran privilegio, lo pongo por escrito una vez más, el haber sido profesor universitario. Pero no viajé para dibujar o escribir, eso fue durante los momentos de asueto, mientras descansaba de mis deberes, verdadera excusa para mis deambulaciones. Reunirlos en este librito fue otro viaje, más difícil de lo que esperaba; el resultado lo juzgará quien tenga a bien leerlo.

¿Qué hay, pues, más allá del disfrute de la urbanidad mediterránea? Mucho o nada, depende del viajero o la viajera y de su mirada. Estos dibujos y estos textos no pretenden ser una «guía» ni confrontar con quienes no miren la cuestión con la misma inquietud. Ilustran mi punto de vista personal, pero sin obviar los procesos de producción social de la urbanidad ni los actuales efectos adversos de una nueva crisis.

Me he entregado, pues, al placer de las cualidades de los espacios mediterráneos porque son inherentemente buena arquitectura y buen urbanismo; porque aún pueden conmovernos, incluso «hacernos enfermar» con su belleza, como dice Tabucchi. Los paisajes urbanos y rurales no son un mero trozo de tierra, una plaza o una calle, con una materialidad física y social precisa en la que hay incorporada trabajo humano, sino también el aspecto que tienen desde un lugar concreto. No son solo algo que se puede contemplar, sino también un modo de entender la realidad, de entender la urbanidad concretamente, y también de disfrutarla.

Si los anteriores paisajes son la huella de los conflictos de las clases y tendencias dominantes en cada época y si encubren problemas actuales, no hay que ignorar por ello su resultado, error que cometió la izquierda dogmática durante el período 1970-1980 y sigue cometiendo de muchos modos. Durante la larga historia de las ciudades mediterráneas (y no solo), la corrupción, el autoritarismo y la rapacidad de los gobernantes —ya fueran clericales o seculares— ha construido inspirados edificios y plazas bien diseñadas que, más allá de la falta de sensibilidad social de sus mecenas, son merecedoras de nuestra admiración. Basta con que la admiración vaya acompañada de reflexión acerca de las actuales circunstancias de vida de los moradores permanentes.

El Mediterráneo... los muchos Mediterráneos están ahí.

Buen viaje, en cuanto sea posible.

Índice onomástico

197

Índice de Topónimos

199

Este libro,
duodécimo de la colección **transversales**,
acabose de componer en Guadarrama
el 18 de febrero de 2025,
aniversario del nacimiento
de Nikos Kazantzakis.

Título original:

Σκιτσάροντας αστικότητες στη Μεσόγειο, nissos, 2021

© 2021, Costis Hadjimichalis - Diseño: Grid Office.
© de la traducción del griego: Antonio Vallejo Andújar
© de esta edición:
ediciones del oriente y del mediterráneo, 2025
Prado Luis, 11; E-28440 Guadarrama (Madrid)
Correo-e: info@orienteymediterraneo.com
https://orienteymediterraneo.blogspot.com
https://www.orienteymediterraneo.com

**Esta publicación ha contado con el apoyo del Ministerio Helénico de Cultura y Deportes
y la Fundación Helénica para la Cultura en el marco del programa GreekLit.**

GreekLit.

Diseño de cubierta:
ediciones del oriente y del mediterráneo,
a partir de *Venecia,* 1971, y *Jora,* Naxos, 1966,
de Costis Hadjimichalis

Impreso en España con papel procedente de bosques sostenibles.